镁合金
复合变形理论与应用

王忠堂 王羚伊 著

U0243846

化学工业出版社

·北京·

内 容 提 要

《镁合金复合变形理论与应用》共 7 章，内容包括镁合金的性质及应用，镁合金材料本构关系模型，镁合金热变形组织演变模型，镁合金压缩变形微观织构演变规律，镁合金板材压弯-压平复合变形理论，镁合金板材压痕-压平复合变形理论，镁合金复合变形相关技术。

本书可作为相关工程技术人员、科研人员用书，也可作为高等院校教材。

图书在版编目（CIP）数据

镁合金复合变形理论与应用/王忠堂，王羚伊
著 . —北京：化学工业出版社，2020.5
ISBN 978-7-122-35694-9

Ⅰ.①镁… Ⅱ.①王…②王… Ⅲ.①镁合金-变形-
理论研究 Ⅳ.①TG146.22

中国版本图书馆 CIP 数据核字（2020）第 033014 号

责任编辑：韩庆利
责任校对：李雨晴 装帧设计：史利平

出版发行：化学工业出版社（北京市东城区青年湖南街 13 号 邮政编码 100011）
印 装：大厂聚鑫印刷有限责任公司
787mm×1092mm 1/16 印张 10¼ 字数 254 千字 2020 年 9 月北京第 1 版第 1 次印刷

购书咨询：010-64518888 售后服务：010-64518899
网 址：http://www.cip.com.cn
凡购买本书，如有缺损质量问题，本社销售中心负责调换。

定 价：68.00 元
版权所有 违者必究

前　言

镁合金作为最轻的金属结构材料，具有重量轻、减振性能好、导热性能好、比强度高、无污染、弹性模量大、刚性好、尺寸稳定性好、抗电磁干扰性好、屏蔽性能好、阻尼系数高等优点，适合用于航天航空、交通运输、电子通信、国防装备等领域。

镁的晶体结构为密排六方结构，在常温条件下的塑性变形能力低，很大程度上限制了镁合金材料在特殊条件下的广泛应用。因此，如何提高镁合金材料的室温成形性能是目前该领域的重要研究方向之一。激烈塑性变形可以产生更多的孪晶组织、滑移系和动态再结晶组织，有效改善镁合金板材各个方向上的孪晶组织及织构分布，从而可以实现镁合金材料的晶粒细化和织构弱化的目的，进而提高镁合金板材的力学性能和成形性能。采用复合变形方法可以使镁合金板材产生激烈塑性变形，以实现细化晶粒、弱化织构、提高镁合金板材力学性能和成形性能的目的。本书阐述了实现激烈塑性变形的复合变形理论与技术，包括镁合金塑性变形基本理论、压弯-压平复合变形理论及应用、压痕-压平复合变形理论及应用、滚压-轧制复合变形理论等。

本书内容包括：镁合金的性质及应用、镁合金材料本构关系模型、镁合金热变形组织演变模型、镁合金压缩变形微观织构演变规律、镁合金板材压弯-压平复合变形理论、镁合金板材压痕-压平复合变形理论、镁合金复合变形相关技术。

本书由沈阳理工大学王忠堂和沈阳工学院王羚伊完成，沈阳工学院王羚伊参与了第 2 章、第 3 章、第 6 章的撰写工作。

本书所涉及的科学研究工作得到国家自然科学基金委员会、辽宁省教育厅、沈阳市科技局的资助，在此表示衷心感谢。

本书可作为相关工程技术人员用书，也可作为高等院校教材。

由于作者水平有限，书中不足之处在所难免，望读者批评指正。

作者

目　录

第1章
镁合金的性质及应用

1.1 镁合金的性质

地球上镁的含量非常丰富，在地壳中的储存量很大，约占 2.7%，在金属中仅次于铝和铁。此外，在盐湖及海洋中，镁的含量也十分丰富。镁是生命（动植物）必需元素，无毒。海水的盐分中含有 3.7% 的镁。镁是一种化合价为 +2 的银白色金属，富含于菱镁矿、白云石等矿产中。

在金属镁中加入其他微量元素，可以提高其物理性能和力学性能。镁合金具有很多优点：重量轻，镁金属是最轻的金属结构材料，密度是钛的 2/5、铝的 2/3、钢的 1/4；很好的减振性能，减震性能是铝的 30 倍；导热性能好，导热性能是塑料的 200 倍，而热膨胀性能只有塑料的一半；比强度高，高于铝合金和钢；无污染，镁及其合金是一种环保型材料，对环境污染小，废料回收利用率达到 85% 以上；弹性模量大，刚性好，比刚度接近铝合金和钢，但具有一定的承载能力，长期使用不容易变形；良好的尺寸稳定性，废品率低；良好的抗电磁干扰及屏蔽性能，适合于电子、通信等日用电子产品中；高阻尼性，减振效果好于铝合金和铸铁，用于壳体能降低噪声。镁合金材料缺点是室温塑性低，耐腐蚀性能低，易于氧化，易于燃烧（在液态和粉末态）。

镁在高温下具有良好的塑性，可采用热加工方法获得各种规格的镁合金棒材、管材、锻件、冲压件等。用于制造座椅和轮毂时，可以降低振动效应，提高汽车的安全性和舒适性，因此在汽车行业有很广的应用前景。

镁的合金化是实际应用中最常用的强化途径。按化学成分，镁合金主要划分为 Mg-Al、Mg-Mn、Mg-Zn、Mg-Re、Mg-Zr、Mg-Th、Mg-Ag 和 Mg-Li 等二元系镁合金，以及 Mg-Al-Zn、Mg-Al-Mn、Mg-Mn-Ce、Mg-Re-Zr 和 Mg-Zn-Zr 等三元系及其他多组元系镁合金。

常用的镁合金系列主要有镁-铝-锌系合金、镁-锌-锆系合金、镁-锂系合金和镁-稀土系合金等，其中镁-铝-锌系和镁-锌-锆系合金是常用的合金系。按照美国 ASTM 标准，镁-铝-锌系合金的代表牌号有 AZ31、AZ61、AZ80、AZ91 合金等，镁-锌-锆系合金的代表牌号有 ZK31、ZK60 等，其中 AZ31、AZ80、ZK31、ZK60 为典型的变形镁合金牌号，其余为铸造镁合金。

通过加入微量表面活性元素，如 Ca、Sr、Ba 或 Sn、Pb、Sb、Bi 等，利用微合金化可重新设计现有镁合金，以改善镁合金性能。稀土元素能够改善镁合金的高温性能，新型稀土镁合金主要应用于高温环境。由于稀土元素价格昂贵，稀土镁合金的应用受到一定限制。

镁的物理性能见表 1.1 所示。几种常用镁合金材料的化学成分见表 1.2 所示，其物理性能与力学性能见表1.3所示。表1.4为不同状态AZ31镁合金材料力学性能。

表1.1 镁的物理性能

密度/(g/cm³)	熔点/℃	沸点/℃	初始再结晶温度/℃	熔化潜热/(kJ/mol)	弹性模量/GPa
1.738	649	1107	150	8.954	45

表1.2 几种常用镁合金材料的化学成分　　　　　　　　　　质量分数/%

化学成分	AZ31	AZ80	AZ91	ZK60	AM60
Al	2.5～3.5	8.6	8.3～9.7	≤0.05	5.6～6.4
Mn	0.2～0.5	0.15	0.15～0.50	0.1	0.26～0.50
Zn	0.7～1.3	0.45	0.35～1.0	5.0～6.0	≤0.20
Cu	≤0.05	0.01	<0.03	≤0.05	≤0.008
Ni	≤0.005	0.001	≤0.002	≤0.005	≤0.001
Fe	≤0.005	0.005	≤0.005	≤0.05	≤0.004
Si	≤0.10	<0.03	<0.01	≤0.05	≤0.05
杂质	≤0.30	≤0.30	≤0.30	≤0.30	≤0.01
Mg	其余	其余	其余	其余	其余

表1.3 几种常见镁合金材料的物理性能与力学性能

	AZ31	AZ91	AM60	ZK60
密度/(g/cm³)	1.78	1.82	1.79	1.8
熔点/℃	623	596	615	—
抗拉强度/MPa	251	275	240	—
屈服强度/MPa	154	145	140	—
弹性模量/MPa	45	45	45	44
比强度	141	151	134	—
泊松比	—	—	—	0.35
线膨胀系数/℃⁻¹	—	—	—	2.18×10^{-6}

表1.4 不同状态AZ31镁合金材料力学性能

状态	屈服极限/MPa	抗拉强度/MPa	伸长率/%
铸态	175	205	7.2
热轧态	191	246	10.6
挤压棒材	195	260	14～17
管材	165	250	12
锻造态	171	260	15

1.2 镁合金的应用

　　由于镁合金的特殊性能，其在交通运输、航空航天、电子电器和国防工业等领域具有极其重要的应用价值和广阔的应用前景，特别是结构轻量化技术及环保问题的需求更加刺激了镁及镁合金工业的发展。20世纪90年代以来，镁合金用量急剧增长，大批量用于航天航空、交通运输、计算机、电子通信、消费类电子、国防军工等领域。

1.2.1 镁合金在交通运输领域的应用

为减轻汽车重量以降低油耗，以及"环保型汽车"对材料可回收性的要求，镁合金在汽车工业中得到广泛应用。镁合金汽车零部件与其他金属部件相比通常具有如下优点：

① 提高燃油经济性能综合指标，降低废气排放和燃油成本。据测算，汽车所用燃油的60%主要用于汽车的自重，汽车每减重10%，消耗将减少8%～10%。

② 减少质量可以增加车辆的装载能力和有效载荷，同时还可有效改善刹车和加速性能。

③ 可以极大降低车辆的噪声和振动现象，镁合金的优异变形及能量吸收能力大幅提高了汽车的安全性能。

在发达国家，镁在交通运输领域的应用始于20世纪30年代，镁合金第一次应用于工业，被用于一种赛车的活塞。镁在第二次世界大战时期受到极大关注，大量应用于核工业、军用航天器以及汽车工业等领域，不过随着产品对材料性能要求的提高，镁的应用受到了极大的限制。1970年的石油危机又使镁合金在汽车工业中得到广泛重视。由于镁合金制造汽车零部件具有一系列优点，所以，近年来，欧美、日本等发达国家在汽车工业中镁合金的应用出现了持续增长势头。目前欧洲和北美正在使用和研制中的镁合金汽车零部件已上百种。根据欧洲镁金属协会的资料：未来在汽车工业材料应用增长最快的是镁合金部件。为了减少温室气体的排放，对汽车零部件轻量化的要求越来越强烈，据研究指出，如果全球每年生产的汽车中每辆都能使用70kg的镁，全球CO_2的年排放量就能减少30%以上，符合环保的要求。世界对镁的使用以每年高于7%的速度增长。利用资源优势开展镁合金的研究显示出诱人的发展前景。

镁合金在汽车上应用实例很多，美国福特汽车公司单车采用30个镁合金部件，通用公司采用45个镁合金部件，克莱斯勒公司采用20个镁合金部件，单车用镁合金量为20～40kg。1936年德国大众汽车有限公司推出"甲壳虫"汽车，其发动机和传动系统上镁合金的使用量超过了18kg。在汽车结构部件上的60多个零部件采用镁合金，其中汽车车身、方向盘轴、座位框架、仪表盘基座、发动机阀盖、变速箱壳、进气歧管等部件镁合金的使用率最高。镁合金生产的汽车零件包括质量从0.15kg的支架到12kg的仪表盘支撑梁。福特公司在2004年用镁合金做的散热器支架，不仅减小质量，减少装配量，而且节省了发动机舱的空间。1997年，通用公司成功研制了镁合金汽车轮毂，使用AM50镁合金铸造仪表板。在欧洲市场上，汽车上的多种零部件，如车座支架、油门踏板、音响壳体、电动窗电机壳体、升降器、后视镜架等，都可以采用镁合金制造。德国大众汽车公司通过热冲压变形技术加工出了奥迪品牌的车内门板。日本的许多汽车企业也将镁合金应用于手动变速杆以及座椅架的生产。另外，镁合金变速箱壳体、仪表板骨架、车门内框、车扶手也在日本生产的汽车上得到广泛应用。

在国内，镁合金在汽车上的应用主要在发动机缸盖罩、泵体、离合器壳体及壳盖、齿轮室等零部件。现已开发出的产品有汽车用镁合金方向盘、镁合金气缸盖罩和镁合金手排挡壳体、摩托车曲轴箱尾盖等产品。现在国内各大汽车公司和高等院校也都在大力研发应用镁合金零部件，通过增加镁合金在汽车上的用量，减轻汽车重量以减少汽车燃油量，使我国汽车行业持续健康发展。

1.2.2 镁合金在航空航天中的应用

镁合金的刚性和强韧性好，并且能够显著减轻零部件的重量，因此很早就被应用于航空航天工业。特别是密度最小的 Mg-Li 系合金，具有很高的强度、塑性和韧性，是航空航天领域最有发展前途的金属结构材料之一。

伴随镁材价格的降低，镁合金制备技术的提高以及高温耐热、高强耐蚀等新型镁合金的发展，镁合金的应用范围不断增大。

在 20 世纪 20 年代之前，开发出的镁合金产品有发动机曲柄箱、气球吊篮（薄板）、起落轮（薄板、挤压件）、客机座椅、火箭和导弹零部件（薄板）、运输机地板横梁（挤压件）等。在 20 世纪 60 年代，开发出的 Mg-Li 系合金产品包括主起落轮（锻件）、卫星零部件、直升机地板（挤压件）、座舱架、壁板、导弹舱段、吸气管、副蒙皮、直升机上机闸等部件。

美国的飞机制造企业用镁合金板材制造控制面板、机身蒙皮、副翼等，它们的重量明显降低，结构有所简化，表面更加光滑，刚度提高，因而气流特性得到改善。威斯特兰飞机公司用板材制作的部件主要有尾缘、副翼、升降舵蒙皮、整流罩、起落架、砲舱门、发动机舱、方向舵、升降舵等。

镁合金应用于火箭、导弹、卫星、飞机等制造领域，如各种型号发动机的前支撑壳体和壳体盖、发动机的前舱铸件、离心机匣、飞机液压恒速装置壳体、战机座舱骨架和镁合金机轮等。以稀土金属钕为主要添加元素的 ZM6 铸造镁合金已用于某型号直升机发动机后减速机匣、歼击机翼肋等重要零件；稀土高强镁合金 MB25、MB26 已代替部分中强铝合金，在飞机上获得应用。

在 20 世纪 50 年代，我国的飞机和导弹的蒙皮、框架以及发动机机匣，已采用镁稀土合金。在 70 年代后，随着我国航空航天技术的迅速发展，镁合金也在歼击机、直升机、导弹、卫星等产品上逐步得到推广和应用。我国自行研制了 10 多种稀土镁合金，且很多已在航空业得到应用，如添加 Nd 的 ZM6 铸造镁合金已经用于歼击机翼肋等。

1.2.3 镁合金在 3C 产业中的应用

"3C 产品"，是指计算机（Computer）、通信（Communication）和消费类电子产品（Consumer electronics）三者的简称，也称为"信息家电"。现代电子技术的发展，对电子器件用结构材料及部件的性能提出了越来越高的要求。以往移动电话机壳体大多采用工程塑料，通过内壁涂镀铜或铬来屏蔽电磁，但屏蔽效果不好，回收利用困难，最终造成环境污染。镁合金具有良好的防电磁性，对消除消费者在手机电磁波是否对人体有害的疑虑上具有极大吸引力。由于镁合金具有质轻、比强度高、良好的热传导性和电磁屏蔽性、易于回收及符合环保要求等特点，在笔记本电脑、通信工具以及影像产品等的壳体及其散热器等零部件得到了广泛的应用。1998 年，日本厂商开始在各种可携式商品（如 PDA、手机等）采用镁合金材料，如今运用镁合金最普遍的是笔记本电脑外壳体。从 1991 年到 1995 年，IBM 分公司成功在 7 款笔记本上使用了镁合金压铸外壳；1996 年，索尼公司在 VAIO 笔记本电脑外壳的制造中采用镁合金；1997 年，日本东芝便携式电脑外壳上用镁合金压铸件替代原先的 ABS 塑料件后，尺寸精度、刚度和散热性等都获得了很大改善。1998 年以后 Sony、Toshiba、Sharp、NEC、Panasonic 和 Hitachi 等日本笔记本生产企业均推出了镁合金外壳机型。Solw 公司在 1999 年发售了两款外壳使用镁合金制造的可携式 MD 播放机（MZ-R90

和 E-90），开创了镁合金应用的新领域。另外相机顶盖和前盖、电视和摄影机外壳等也已开始使用镁合金。

在电子通信领域，世界知名品牌如 Encssoll 已有约 60％外壳使用镁合金，Nokia 也有 20％壳体使用了镁合金。爱立信 CF788 移动电话，其尺寸为 105mm×49mm×24mm，外壳为镁合金，带电池的重量为 35g。日本移动电话市场占有率最高的京瓷公司也已经将原来的 PC/ABS 塑料改为镁合金，外壳厚度可望减至 0.5mm 以内。在美国，摩托罗拉公司在其 V3 型号手机外壳、H12 蓝牙耳机外壳上都采用了镁合金材料，苹果公司也在其笔记本电脑产品中大量运用了镁合金材料，并且在性能和销量方面都收到了良好的效果。镁合金在其他电子产品上的应用也有很多。

1.2.4　镁合金在其他领域的应用

经塑性变形加工后的镁合金产品具有高的强度和刚度，以及轻巧、美观、可回收等优点，可替代许多塑料制品，在办公、家具和体育用品等方面应用相当广泛，变形镁合金还被用于轻便交通工具、医学材料、兵器领域等。

镁合金自行车就是利用镁合金的重量轻、比强度高和耐冲击的优点制成的自行车车架，使得自行车更轻便、快速、舒适，并具有极好的避震性能。其中用镁合金制作的折叠式自行车车架仅重 1.4kg，整车重 4kg。美国 Lightning 公司称该公司制造的 F-40 全镁合金自行车是世界上最快的自行车。目前镁合金在自行车中的应用主要有曲柄、避震器零件、车架、三/五通零件、轮圈、花壳、刹车手把等，基本涵盖了整个车身金属结构。

在医用材料方面，镁合金在医疗领域的应用经历了间歇性的发展过程，早在 19 世纪镁合金就在医学领域有所应用，但由于当时的技术无法解决镁的易腐蚀特性，不久便被束之高阁。随着镁合金表面处理技术的日趋成熟，其耐腐蚀性被显著提升，镁合金再次引起了医用材料领域的关注。镁合金作为医用材料具有优于其他金属的一些优点——弹性模量、密度与人骨相似，优秀的生物相容性和可吸收性，不易产生遮挡效应，有助于骨骼愈合。因此镁及镁合金被广泛作为骨固定材料、冠状动脉植入支架材料、骨组织工程多孔支架材料进行研究。

在兵器方面，著名的美国单兵综合作战系统某型号手枪、某型号自动榴弹发射器等，在瞄具座、前护手、弹匣、枪托、火器支架等多个构件上都采用了镁合金材料制造，它们的质量从 8.17kg 降到 6.37kg。美国某型号战斗手枪，其扳机等多个零部件均采用了镁合金，质量减小了 45％，击发时间减少了 66％。在某型号火箭弹、穿甲弹、次口径脱壳弹等常规兵器中，药盘座、座体、弹托、头螺、尾翼、扩爆管等采用了镁合金制造，与铝合金相比降低质量 25％，初始速度提高达 60m/s。在某型号隼式空空导弹中也使用了大量的镁合金。美国国防装备的某型号军用吉普车采用了镁合金车身及桥壳，显著减轻了车体的质量，具有良好的机动性及越野性能，改型后还装上无后坐力炮，成为最袖珍的自行火炮。某型号飞船的启动火箭曾使用了 600kg 的变形镁合金。某型号卫星中使用了 675kg 的变形镁合金。直径约 1m 的某型号火箭壳体是用镁合金挤压管材制造的。法国采用镁铝合金研制成功了某型号反坦克枪榴弹部分零件。法国某型号轻型坦克、某型号装甲救护车的缸体和缸盖使用了镁合金材料。美国某型号轻型坦克侦察车的变速箱体使用了镁合金材料。随着镁及镁合金熔炼及制造技术的不断提高，在坦克和装甲部分结构件、导弹壳体和尾翼等方面将得到广泛使用。

在工具方面，镁合金锻件可以作为钳子和扳手的把手，也可以作为棘轮扳手、固定扳手、轻便的工具等。

1.3 提高镁合金板材性能的方法

镁合金板材的制备方法主要有轧制方法和挤压方法。轧制方法是常用的镁合金板材制备方法，其性能优于挤压方法制备的板材。但由于镁合金材料的塑性较差，普通轧制方法制备的镁合金板材的组织性能和力学性能不能满足后续冲压成形的需要。为了进一步改善轧制镁合金板材的变形性能，研究者们开发了几种新技术来改善镁合金板材的变形性能和力学性能，如交叉轧制方法、异步轧制方法、变路径压缩变形方法、往复弯曲变形方法、交替弯曲变形方法、双向交替扭转弯曲方法、挤压坯轧制方法等。这些方法可以改善镁合金板材各个方向上的孪晶组织及织构分布，可以显著提高镁合金板材的变形性能及力学性能。

1.3.1 交叉轧制方法

将经过一次轧制变形的板材，水平旋转 90° 后再进行第二次轧制变形，这种方法称为交叉轧制方法（Cross rolling）。经过两次不同方向上的轧制变形，可以有效改善金属材料的组织性能，弱化轧制板材的织构，减弱轧制板材的各向异性，提高材料的成形性能。交叉轧制方法的缺点就是加工板材的尺寸受限于轧机的结构尺寸，不利于生产大尺寸的镁合金板材，不易于实现自动化生产。

研究结果表明，交叉轧制方法可以显著降低镁合金轧制板材的基面织构，改善镁合金材料的组织性能，显著提高镁合金板材冲压成形性能。镁合金交叉轧制时的合理工艺参数为：轧制温度为 350℃，轧辊转速为 20r/min，单道次压下量为 0.6mm，总压下量为 60%。交叉轧制获得的 AZ31 镁合金板材各项力学性能及织构强度最有利于后续的冲压变形。交叉轧制获得的镁合金板材的晶粒得到明显细化，由初始状态的 49.5μm 细化到 6.25μm，约为原始挤压板材晶粒尺寸 1/8，{0002} 基面织构强度由初始 62.64 降低到 47.58，板材各项异性得到显著改善，强度和塑性也得到提高。交叉轧制后的镁合金板材的屈强比从初始状态的 0.69 降低到 0.65，硬化指数从 0.16 升高到 0.18，延伸率从 16.6% 提高到 18.4%。交叉轧制改善了镁合金板材的力学性能，其原因是交叉轧制过程中板材沿挤压方向和横向所受拉应力和压应力在板材旋转 90°的过程中相互转化，使得轧制板材发生动态再结晶细化晶粒尺寸。

1.3.2 异步轧制方法

异步轧制（Differential Speed Rolling）是指轧板上、下表面的金属质点具有不同的向前流动速度的一种特殊轧制方式。异步轧制有三种不同形式：异径异步轧制、同径异步轧制、非均匀摩擦力轧制。异径异步轧制是指上、下轧辊直径不同而转速相同，同径异步轧制是指上、下轧辊直径相同而转速不同，非均匀摩擦力轧制是指上、下轧辊表面的摩擦系数或粗糙度不同。

与普通轧制比较，异步轧制最明显的区别是变形区中存在"搓轧区"。普通轧制的变形区可以分为前滑区、后滑区和中性面。异步轧制时，板材上下表面的摩擦力方向相同，但在前滑区板材受向后的摩擦力，后滑区受向前的摩擦力。

异步轧制时，上下轧辊不同的线速度会导致中性面偏移：在辊速较慢的一侧，中性面偏向变形区的入口端；辊速较快的一侧，中性面偏向变形区的出口端；这样就使中性面扩展成一个剪切变形区，习惯上称这个区域为"搓轧区"。此时，异步轧制的变形区就由前滑区、后滑区和"搓轧区"组成。

研究发现异步轧制后的镁合金板材基面织构的强度有所降低，室温下的塑性改善显著。此外，异步轧制还能提高材料加工硬化指数，降低塑性各向异性比，显著改善了镁合金室温冲压性能。

AZ31镁合金板材经过异步轧制后，在板材法线方向上的基面织构随变形量增加而加强，其原因是随着压下量的增加，部分晶体沿c轴方向受拉应力作用而产生拉伸孪晶，拉伸孪晶使晶体c轴发生86.3°的偏转，造成c轴与板材ND方向趋于平行，从而使基面织构得到加强。同时，当压下率足够大时，滑移将使 {0001} 晶面绕板材ND方向旋转，导致晶体取向趋于一致。在总压下率为3%～24%的范围内，当压下率达到24%时，由于异步轧制过程中存在的额外剪切力，大量的晶粒被破碎从而细化了晶粒，导致此时异步轧制板材力学性能要优于同步轧制板材。当压下率在3%～15%时，孪晶的产生是基面织构增强的主要原因，压下率为24%时，基面的滑移对织构的增强影响较大。在轧制温度150℃时，异步比为1/1～1/1.44的范围内，与普通轧制相比，异步轧制板材上下表面晶粒尺寸存在差异，由于额外剪切力的存在，快速辊侧的晶粒尺寸要小于慢速辊侧的晶粒尺寸，在异步比为1/1.44时快速辊侧的晶粒最为细小，均匀程度最好，此时对应的板材力学性能也最好，抗拉强度达到327MPa，峰值应变为0.084。对压下率为0～15%的异步轧制AZ31镁合金板材进行压缩变形实验发现：室温下沿ND方向压缩变形时，压下率越大的板材力学性能越好，压下率为15%的板材抗拉强度达到了365MPa。变形温度300℃下沿RD方向压缩时，压下率越大的板材力学性能越差，压下率为15%的板材抗拉强度为78.7MPa。孪晶的生成导致AZ31镁合金异步轧制板材压缩力学性能发生变化，即在加工硬化过程中出现硬化速率随应变的增加而明显升高的阶段。

1.3.3 变路径压缩变形方法

变路径压缩变形方法可以有效改善AZ31镁合金的组织性能，AZ31镁合金轧制板材经过轧制方向（RD）、横向（TD）的变路径压缩变形过程中，各路径压缩过程依次呈现拉伸孪晶、二次孪晶、解孪晶和拉伸孪晶的微观变形机制。在镁合金RD—TD—RD—TD的变路径压缩过程中，对应着 $\{10\bar{1}2\}$ 拉伸孪晶→$\{10\bar{1}2\}$—$\{10\bar{1}2\}$ 二次孪晶→$\{10\bar{1}2\}$ 解孪晶→$\{10\bar{1}2\}$ 拉伸孪晶的微观变形机制，晶粒c轴依次在RD→TD→RD→TD间变换。在镁合金RD→TD→RD→TD的变路径压缩变形过程中，首次压缩产生的预变形提高了后续变形中孪晶形核启动力，所产生的孪晶界阻碍了位错运动，使得后续压缩变形过程的二次孪晶、解孪晶和拉伸孪晶对应的屈服强度较首次压缩变形大幅增加[1]。

1.3.4 往复弯曲方法

采用往复弯曲方法可以有效改善镁合金薄板冲压性能。该方法是将镁合金薄板放入连续弯曲模具内对镁合金薄板进行连续弯曲变形，其方法实施过程为：将镁合金薄板置于底块和滑块上分别安装有弯曲顶头的连续弯曲模具内，底块和滑块上的弯曲顶头交错排列，底块和滑块上的弯曲顶头个数相差一个或者相等，将镁合金薄板置于底块弯曲顶头的顶端，压下滑块，使滑块弯曲顶头与镁合金薄板的上表面接触，然后继续压下滑块使镁合金薄板呈现弯曲角度θ，90°≤θ<180°，然后以恒定速率拉/卷动薄板一端，使其向一个方向运动，实现镁合

金板材在上下两个方向进行连续多次的弯曲变形，然后对镁合金薄板进行退火处理[2,3]。

采用波纹轧辊对镁合金板材进行轧制变形可以弱化镁合金板带基面织构，将镁合金板带置于波纹轧辊之间，在变形温度为300～550℃条件下，进行多道次交替轧制后矫直，使镁合金材料的性能有所提高。在变形温度300℃以上进行波纹轧制时，随着轧制道次增加，垂直于板带法向的每一平面均承受了沿不同方向的剪应力，并诱发动态再结晶，导致板带内部晶粒取向分布随机化，基面织构强度降低；在变形温度为300℃以下波纹轧制，板带内部尤其是反复波浪弯曲变形最剧烈处，产生大量孪晶迫使晶粒取向偏转，促使织构弱化。这种方法克服了镁合金常规塑性变形及退火下织构难以弱化的不足，效率高，适于大规模工业化生产。

1.3.5 双向交替扭转弯曲方法

国外学者提出了一种双向交替扭转弯曲工艺（Alternate Biaxial Reverse Corrugation，简称 ABRC）来改善镁合金材料性能，其原理如图 1.1 所示[4,5]。其方法就是用一种交错齿模具对镁合金板材进行反复弯曲—校直—弯曲的循环工艺。该工艺不能进行厚板的加工，当板材厚度超过 5mm 时易发生断裂，过小的变形量又难以有效地改善组织性能，所以该工艺还存在很大的局限性。AZ31B 镁合金经过双向交替扭转弯曲变形后，发生孪生变形和动态再结晶，晶粒尺寸达到 $1.4\mu m$。当平均晶粒尺寸达到 $2\sim3\mu m$ 时，孪生变形消失。随着晶粒尺寸减小，织构强度也随之明显降低。

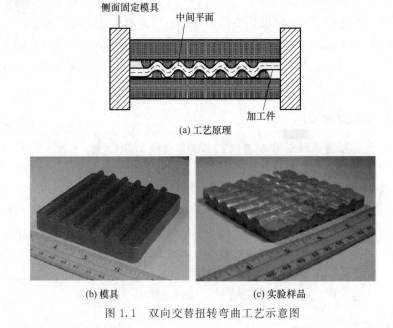

(a) 工艺原理

(b) 模具　　　　(c) 实验样品

图 1.1　双向交替扭转弯曲工艺示意图

1.4　镁合金塑性变形理论

1.4.1　镁合金的晶体结构

镁合金的晶体结构为密排六方结构（hcp），在室温下的晶格常数 $a=0.3202nm$，$c=0.5199nm$，晶胞的轴比为 $c/a=1.623$，与密排六方 $c/a=1.633$ 的理论值非常接近。镁合金的主要滑移系可分为基面、锥面和柱面滑移系，镁合金中原子最密排面为 {0001} 晶面，为镁合金基面，是最常见的滑移系。锥面滑移系为六个 {$10\bar{1}1$} 面，柱面滑移系为三个 {$10\bar{1}0$} 面。研究发现，滑移面与 c/a 的值有关，镁的滑移面为基面 {0001} 面，金属的滑移方向为密集的 <$11\bar{2}0$> 方向，其孪晶面为 {$10\bar{1}2$}，见图 1.2。

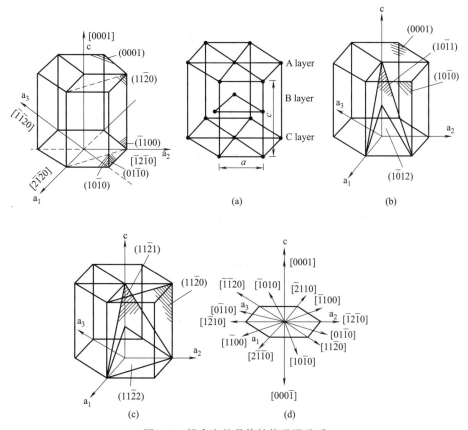

图 1.2 镁合金的晶体结构及滑移系

在研究多晶体塑性变形对织构的影响时，有一种假设：①晶体只发生简单的位错滑移和机械孪生；②剪切力促使晶粒发生应变和旋转；③由晶粒旋转引起的择优取向可反映晶粒的对称和强制变形。

研究结果发现[6~9]：①合金元素的改变可以引起晶格常数和位错特征的改变；②变性机制在整体变形中所起的作用也将改变；③晶体的织构也将发生改变。同时，与体心和面心立方结构晶体相比，密排六方结构晶体织构类型较多。hcp 金属可按 $c/a < 1.732$ 的金属（镁、钛）{$10\bar{1}2$} 孪生在 c 轴拉伸时开动，c 轴压缩时，晶粒取向和孪生平行于压缩方向。镁的 c/a 值与理想值 1.633 非常接近，故镁存在理想的基面织构。

晶体孪生后形成的孪晶部分点阵与基体的点阵沿孪生面作镜面对称。密排六方结构晶体的孪生与轴比 c/a 的值有密切的关系。c/a 值以 $\sqrt{3}$ 为分界，使孪生切变的方向相反。

1.4.2 镁合金的织构

在多晶晶体材料中，材料的各方面性能不仅仅是各个晶粒性能的简单叠加，而是与晶粒的排列方式有密切相关。当晶粒的取向集中在某些或某一方向附近时，称为择优取向，具有择优取向的多晶组织被称为织构。镁合金的力学性能和塑性变形性能均受到其织构的影响。对镁合金而言，用常规工艺制备的铸锭通常无明显的择优取向，其力学性能没有各向异性。但在随后的塑性加工过程中，如板材、管材的挤压，板材的轧制等，由于镁合金晶粒的特性，会按一定方位的转动，经过多次加工后，镁合金棒材和板材就形成了明显的织构。镁合金中一旦形成织构，就容易表现出较为明显的各向异性，镁合金的各向异性对镁合金的加工和变形有很大的影响，导致其在生产加工中变形性能不均匀，很难在塑性加工领域应用。变形条件、加载方式和合金元素等因素构成了影响镁合金变形织构形成的主要因素，其中最主要的织构形成方式包括挤压织构和轧制织构。

挤压织构：镁合金挤压产品的织构形态随其断面形状的不同而有所区别。挤压板材时，其基面织构平行于板材的表面，晶粒取向的自由度较小；挤压圆棒时基面织构平行于挤压方向，晶粒取向自由度较大，晶粒可大角度转动。织构强度随着挤压温度的降低和挤压速度的增加而减弱，随着挤压道次的增加而增强。对于 AZ80 镁合金，织构随挤压比的增大而减弱，对于 AZ31 镁合金，当挤压比增大时，再结晶织构和变形织构表现出相反的变化趋势，再结晶织构强度增加而变形织构减弱。

轧制织构：镁合金板材经过多道次轧制后，很容易形成基面平行于轧面的强烈基面织构。研究表明，轧制方式的不同，对镁合金轧制板材织构的影响也不同。近年来，有采用异步轧制、交叉轧制、对称轧制、大变形量轧制等工艺来减弱镁合金板材的织构，这些工艺对镁合金板材的性能有明显的影响。采用异步轧制工艺制备镁合金板材，可使镁合金板材晶粒得到细化，基面织构减弱，提高材料的塑性。异步轧制工艺所产生的织构对镁合金板材的性能有明显的影响，在异步比引起的剪切变形的作用下，基面织构的强度随着异步比的增加呈现先增加后降低的趋势。基面织构、$\{0002\}<11\bar{2}0>$织构、双峰织构分别在压下率为 20%、30%和 50%时产生。在镁合金中加入钙、铈、稀土等元素可以改变镁合金轧制前后的织构分布，目前这一研究方向成为镁合金轧制研究的热点。

1.4.3 镁合金的变形机理

（1）滑移机制

在室温条件下，锥面和柱面等非基滑移系产生塑性变形的临界切应力比基面滑移系大很多，因此启动比较困难。当变形温度低于 498K 时，仅能产生 $\{0001\}<10\bar{2}0>$基面滑移和 $\{10\bar{1}2\}<10\bar{1}1>$锥面孪生。当变形温度高于 498K 时，$\{10\bar{1}1\}$、$\{11\bar{2}1\}$ 等锥面滑移才会启动。锥面滑移能减小镁单晶的塑性，从而使其塑性及加工性能得到改善。镁合金的滑移系主要分为基面滑移、锥面滑移和柱面滑移系，镁合金滑移系如图 1.2 所示。

镁合金原子密排面 $\{0001\}$ 晶面，作为镁合金基面，它是最常见的滑移面。锥面滑移是六个 $\{10\bar{1}1\}$ 面，柱面滑移是三个 $\{10\bar{1}0\}$ 面。镁合金独立滑移系对应的滑移面、滑移方向以及滑移系数量如表 1.5 所示。

表 1.5　镁合金独立滑移系

滑移系	滑移面	滑移方向	独立滑移系数量
基面滑移	$\{0001\}$	$<11\bar{2}0>$	2
棱柱面滑移	$\{10\bar{1}0\}$	$<11\bar{2}0>$	2
	$\{11\bar{2}0\}$		
锥面滑移	$\{10\bar{1}1\}$	$<11\bar{2}0>$	4
	$\{11\bar{2}1\}$	$<11\bar{2}3>$	5
	$\{11\bar{2}2\}$		

镁合金在室温变形时，基面滑移系开启所需要的临界切应力（Critical resolved shear stress，简称 CRSS）比锥面和柱面等滑移系要小很多，使得变形难以保证协调。

晶格中的原子排列最密的面发生滑移时受到的阻力最小，因此对镁合金而言，其基面滑移更易开启。从表 1.5 中能够看出，镁合金虽然有 13 个独立滑移系，但在一般变形温度下，仅两个基面滑移较易启动。由米塞斯准则知，独立滑移系达到 5 个时，材料才能够比较容易进入到塑性变形阶段。因此，镁合金具有较差的变形能力，不易发生塑性变形。所以，只有想方设法启动非基面滑移系，才能从本质上提升镁合金的变形性能。变形温度越高，变形速度越快，晶粒越细小，则镁合金非基面滑移系就越能较容易开启。

研究结果表明[7,9,10]：晶界处棱柱面的临界分切应力为 40MPa，基面处的临界分切应力为 0.6～0.7MPa，当镁合金的变形温度为室温或低于室温时，在基面 $\{0001\}$ 上，沿着 $<11\bar{2}0>$ 方向上的滑移占据着主导地位；在锥面 $\{10\bar{1}1\}$ 和柱面 $\{10\bar{1}0\}$ 上，沿着 $<11\bar{2}0>$ 方向滑移仅发生于高应力集中的区域。变形温度越高，非基面滑移的启动趋势越明显，当变形温度高于 350℃时，非基面滑移和基面滑移能够一同启动。

（2）孪生机制

除位错的滑移外，晶体的变形还可以通过孪生来实现。孪生变形是晶体孪晶面的原子沿孪生方向协同位移的结果，但是不同层的原子移动的距离也不同。对于密排六方结构晶体，由于滑移系较少，孪生在塑性变形中起着十分重要的作用。虽然孪生切变量对变形量贡献很小，但可以作为滑移的一种辅助机制，通过调整晶体取向促进新的滑移发生，这样滑移和孪生交替进行。当垂直于基面拉伸或平行于基面压缩时，在变形开始阶段处于硬取向，滑移难以发生，孪生在孪晶区域内发生，使得晶体取向发生偏转，当偏转至滑移可以发生的取向时，晶体开始滑移。当晶体沿滑移面的上下部分发生相对位移时，作用在晶体上的力轴产生相对错动，形成一个力偶，在这个力偶的作用下，晶体发生转动，直至滑移方向平行于拉伸方向，这时滑移和孪晶都很难发生。在变形过程中，当孪晶达到一定比例时，在出生孪晶的内部可发生二次滑移和二次孪生，从而产生一定的应变，但这些应变产生的能量并不足以弥补镁合金滑移系单一和塑性各向异性的缺陷。所以，必须通过晶粒细化以及织构控制等来促进其滑移、孪生的进行以及非基面滑移的启动和晶界滑移，从而改善镁合金的塑性变形能力，尤其是低温乃至室温的塑性变形能力。

孪生所需要的临界分切应力一般要大于滑移，对于面心立方结构和体心立方结构的金属，由于滑移系较多，仅当在较低的变形温度和较高的应变速率下，孪生才会变成主要塑性变形方式。然而，对于密排六方结构的镁及镁合金，孪生却成了主要变形机制。常见的镁合金孪生模式有 $\{10\bar{1}2\}$，$\{10\bar{1}1\}$，$\{11\bar{2}1\}$ 和 $\{11\bar{2}3\}$。其中，$\{10\bar{1}1\}$，$\{11\bar{2}1\}$ 和 $\{11\bar{2}3\}$ 需要较高的临界分切应力，但是由于影响因素非常复杂，因此，室温下镁的变形一般被认为是通过基面 $\{0001\}$ $<11\bar{2}0>$ 滑移和 $\{10\bar{1}2\}$ 孪生进行的。因此，作为一种很重要的塑性变形手段，在较大变形速度以及变形温度范围里，孪生都存在于镁合金的塑性加工过程中[9,10]。

孪生不同于滑移的一个重要的区别是孪生具有单向性，即沿孪生方向的反方向不能发生孪生切变。对于镁和镁合金，$\{11\bar{2}2\}$ 和 $\{10\bar{1}1\}$ 为压缩孪晶，而 $\{10\bar{1}2\}$ 和 $\{11\bar{2}1\}$ 为拉伸孪晶。对于挤压态的镁合金材料，在单向拉伸时，二次孪晶和压缩孪晶成为主要孪生类型；当条件变为单向压缩或者环张力时，拉伸孪晶成为主要类型。一些研究显示，使得镁合金在拉压变形时不对称的根本原因就是孪生[11,12]。

1.4.4 镁合金的再结晶

镁合金动态再结晶机制可以分为连续动态再结晶、非连续动态再结晶和旋转再结晶。连续动态再结晶是指在发生塑性变形的过程中，在晶界附近的应力集中最为严重的区域，开始形成了大量小角度晶界，这些小角度晶界在一定条件下的不断长大成为再结晶晶粒。非连续动态再结晶是指在位错运动的过程中，由于受到晶界的阻碍而形成大量位错塞积，拥有该晶界的晶粒的正常长大过程受到阻碍，因此与相邻晶粒的变形出现差异。大角度晶界在应变能的驱动下发生迁移，边界呈锯齿状，使动态再结晶晶粒得以形成。旋转再结晶是指与金属普遍的旋转再结晶机制相似，变形导致了镁合金将要发生动态再结晶形核的位置（临近晶界的某些区域）发生偏转，导致形核发生。一种观点认为镁合金旋转再结晶是连续动态再结晶的另一种表现形式[13～15]。

动态再结晶的发生主要受形核和晶粒尺寸的影响：形核的影响因素有变形量、初始晶粒尺寸、变形温度和变形速度。在其他条件相同的条件下，变形量越大，动态再结晶百分数越大。初始晶粒越大越易发生不完全动态再结晶，初始晶粒越小，发生动态再结晶的概率越高。变形温度越高，变形速度越慢，动态再结晶的百分数越大。晶粒尺寸的影响因素有初始晶粒尺寸，变形温度与变形速度。实验证明，当初始晶粒达到一定尺寸时，再结晶晶粒尺寸会受到一定的影响，同时变形温度越高，速度越慢，再结晶的晶粒尺寸越大。

1.4.5 EBSD 技术

电子背散射衍射技术（EBSD 技术）的主要特点是在保留扫描电子显微镜的常规特点的同时进行空间分辨率亚微米级的衍射（给出结晶学的数据）。EBSD 技术改变了以往织构分析的方法，并形成了全面的科学领域，称为"显微织构"，将显微组织和晶体学分析相结合。与"显微织构"密切联系的是应用 EBSD 进行相分析、获得界面（晶界）参数和检测塑性应变。

（1）微织构分析

EBSD 技术的最大应用在于取向关系对材料性能的影响。材料的物理性能经常是对于测量到的晶体学方向而各向异性的，这些性能包括杨氏模量、磁化能、磁率、硬度和塑性。特别是在变形处理后，许多材料存在"择优取向"，即"织构"，也意味着在显微组织中，晶体取向并非随机分布，某些取向经常出现。EBSD 技术不仅能测量各取向在样品中所占的比例，还能确定这些取向在显微组织中的分布，是织构分析的全新方法。既然 EBSD 技术可以进行微织构分析，那么就可以进行梯度的分析，在进行多个区域的微织构分析后就可以获得宏观织构。

（2）取向差分析

用 EBSD 技术可测量样品中每一点的取向，那么不同点或不同区域的取向差异就可以获得，这样就可以研究晶界或相界等界面，在取向成像图上任意画条线，就可得到沿此线的取向差分布。EBSD 研究的界面可以是晶界、相界、孪界、特殊界面（重合位置点阵 CSL 等）。

（3）真实的晶粒尺寸分析

多晶体材料中的晶粒尺寸与一些物理性质有关，如抗蠕变性、强度和电阻，传统的晶粒尺寸测量依赖于显微组织图像中晶界的观察。自从 EBSD 技术出现以来，并非所有晶界都能被常规浸蚀方法显现清楚，特别是那些被称为"特殊"的晶界，如孪晶和小角度晶界。因为其复杂性，严重孪晶显微组织的晶粒尺寸测量就变得十分困难。由于晶粒被定义为均匀结晶学取向的单元 EBSD 是作为晶粒尺寸测量的理想工具。最简单的方法是进行横穿试样的线扫描同时观察花样的变化。

1.5 研究进展及趋势

1.5.1 研究进展

（1）镁合金板材织构弱化方法及机理

激烈塑性变形可以产生更多的孪晶组织、更多的滑移系、更多的动态再结晶组织，有利于弱化织构和细化晶粒。镁合金板材塑性变形主要由基面滑移和锥面孪晶产生，变形温度升高后则非基面滑移系启动，塑性显著提高，但孪晶比例及其作用则逐渐降低。交叉轧制、异步轧制、往复弯曲[16]、变路径压缩变形[17]、循环交替弯曲等方法都可以有效弱化镁合金织构，提高镁合金材料性能。采用单向多道次弯曲技术可以弱化 AZ31B 镁合金板材的织构。织构对镁合金材料成形极限 FLDS 具有重要影响，随着变形温度的升高，织构对 FLDS 的影响变弱[16]。研究发现，AZ31 镁合金轧制板材在变路径压缩变形过程中，各路径压缩过程依次对应拉伸孪晶、二次孪晶、解孪晶和拉伸孪晶的微观变形机制，首次变形所产生的预应变提高后续变形中孪晶形核启动力，使后续变形过程的屈服强度大幅增加，孪晶变体启动的选择性倾向明显[17]。Sanjari[18] 研究发现镁合金在高应变速率（$1200s^{-1}$）变形时，晶界原位跟踪与压缩孪晶和二次孪晶有关，增加轧制应变和压缩应变，可以增大压缩孪晶和二次孪晶的激活能。随着应变速率的增大，再结晶的体积分数明显增加，可能导致孪生诱发再结晶分数的增加。AZ31 镁合金板材经过反复弯曲变形后，再经过退火处理，在镁合金板材表面发生了动态再结晶，晶粒细化明显，而在板材中间部位晶粒尺寸增大，同时镁合金板材织构得到弱化。从板材中心到表面，织构强度逐渐降低[19]。当 AZ31 镁合金经过挤压和扭转复合变形过程时，由大量积累应变诱导了动态再结晶发生，晶粒细化明显，基面织构弱化明显[20]。Huang 研究发现晶界滑移并不是 AZ31 镁合金的主导变形机制，在低应变时的基面织构，大部分晶粒基面与压缩轴垂直，织构分布受控于变形晶粒取向[21]。孟利[22] 研究了退火过程中拉伸孪晶区域形成尺寸相对粗大的再结晶新晶粒，再结晶晶粒取向与拉伸孪晶的取向较为接近；压缩孪晶/双孪晶区域形成了细小的再结晶晶粒，再结晶晶粒偏离基面取向。孪晶再结晶显著影响镁合金在退火过程中的织构演变，拉伸孪晶再结晶使得基面织构强度增强，压缩孪晶再结晶则可以在一定程度上弱化镁合金的基面织构。唐伟琴[23] 研究发现对于 AZ31 镁合金热挤压棒材和轧制薄板，具有主要以 {0001} 基面平行于挤压方向的基面纤维织构，存在严重的拉压不对称性，其原因在于压缩时的主要变形方式为 {10$\bar{1}$2} <10$\bar{1}$1> 孪生。热轧镁合金薄板具有主要以 {0001} 基面平行于轧面的强板织构，具有显著的力学性能各向异性。丁文江[24] 研究发现镁合金塑性变形时基面 {0001} 滑移和 {10$\bar{1}$2} 孪生是最容易开动的变形模式，在变形镁合金中容易形成挤压丝织构及轧制板织构，剪切变形能够有效地改变变形镁合金的织构，能够明显弱化或随机化变形镁合金织构。娄超[25] 研究了轧制镁合金板材在纵截面（即 RD—ND 面）上不同方向上的孪晶组织变化规律，研究发现试样方向与轧制方向角度偏离越大，孪生体积分数越大。Adrien[26] 研究发现 AZ31 镁合金在常温下拉伸变形主要由拉伸孪生、基面滑移、棱柱面滑移引起，孪生变形将形成额外的硬化，硬化强度与孪生的数量成正比。Biswas[27]通过 VPSC 模型对镁合金 AM30 挤压后形成的微观结构和织构进行了模拟研究，尽管忽略了动态再结晶的影响，仍然可以准确地预测镁合金形成的织构。Cho[28]利用 VPSC 模型对 AZ31 镁合金在异步轧制过程中的织构和微观结构进行了模拟研究，发现织构的形成与演变取决于轧辊速度、异步比、弯曲曲率等工艺参数，绝热带、拉伸孪生、双孪生都会弱化织构的形成。Kang[29]通过 VPSC 模型对轧制镁合金沿不同方向剪切变形时的应力和织构的改变进行了模拟研究，发现轧制镁合金在不同方向剪切变形时孪生变形活动强烈，但是流动应力主要由棱柱滑移控制。Song 研究发现往复弯曲变形方法使镁合金轧制板材沿轧制方向上的晶粒取向更加分散，弱化了镁合金织构，提高了室温成形性能[30]。陈慧聪研究发现轧制态 AZ31 镁合金板材经过交叉预压缩变形后，产生的拉伸孪晶片层可以有效地改变晶粒的取向，削弱了基面织构，改善了材料的再变形行为，从而降低了镁合金板材的拉压不对称性[31]。

（2）元胞自动机方法及应用

元胞自动机方法（Cellular Automata，简称 CA 法）可以很好地应用于材料在变形过程中的动态再结晶过程模拟分析。国外 Rappaz 等[32]利用 CA 法模拟了凝固组织。元胞自动机方法已经应用在凝固结晶的形核、再结晶和相变等过程的模拟分析[33]。Li 等[34]研究了 TA15 钛合金相转化时动态再结晶规律。杨满红等[35]基于改进元胞自动机模型和流场传输模型，分析了对流作用下的镁合金等轴晶和柱状晶组织演变过程，分析了镁合金中单枝晶、多枝晶和柱状晶在对流作用下的生长规律。金朝阳等[36]研究发现动态再结晶启动后位错密度分布呈现高度不均匀性，呈现典型的动态再结晶特征；热力加工参数通过改变位错密度累积速度影响动态再结晶形核和长大行为。黄锋等[37]采用元胞自动机方法分析镁合金铸轧薄带凝固过程中晶粒的形核与长大过程，分析了工艺参数（浇注温度、铸轧速度等）对镁合金薄带凝固组织中晶粒大小、取向等的影响规律。WU 等[38]建立了基于元胞自动机的镁合金枝晶生长三维数值模拟的数值模型，获得了镁合金定向凝固过程中枝晶生长规律。HUO 等[39]采用改进的元胞自动机模型对 AZ91D 镁合金的凝固过程进行了数值模拟研究，建立了可以准确预测镁合金枝晶生长过程中的晶粒尺寸。WU 等[40]采用改进的元胞自动机方法，对密排六方结构的镁合金枝晶生长规律进行了数值模拟研究，建立了沿着不同晶粒取向的枝晶长大模型。在 AZ31 镁合金高应变速率变形时，晶界原位跟踪与压缩孪晶和二次孪晶变形过程中有关，随着应变速率增大，动态再结晶体积分数明显增加，这可能是由于增加了孪晶诱导的再结晶分数。

1.5.2　研究趋势

随着科学技术的发展，对现代装备的技术指标要求越来越高，以实现特殊的目的和需求。镁合金具有很多优越的性能，当然也有缺点，如易燃性、室温塑性差、高温抗蠕变性能较差等。为了使镁合金材料在国防工业、航空航天等重要领域得到广泛应用，必须解决镁合金材料性能的不足问题，研发高性能、高精度、高质量的镁合金材料。在镁合金研究领域，未来的研究趋势包括以下几个方面。

① 特殊用途镁合金材料研制：适用于特殊条件下的镁合金材料，包括阻燃性镁合金材料、耐腐蚀性镁合金材料、抗蠕变性能镁合金材料、高强度镁合金材料等研制，以满足国防工业、航空航天等领域的需求。通过添加微量稀土元素如铬 Cr、钇 Y 等，可以显著提高镁合金材料的力学性能。

② 高性能镁合金材料研制：包括高强度镁合金材料、高韧性镁合金材料、高塑性镁合金材料等，尤其是高强度、高塑性镁合金板材制备技术，以满足航空航天、交通运输、日用产品的加工需求。

③ 高精度镁合金新产品开发：在镁合金板材冲压变形时，逐步实现室温条件下冲压成形技术，并扩大镁合金材料的应用，如宇宙飞船、卫星、月球车等宇宙高端产品。

④ 镁合金材料焊接技术：针对镁合金结构件，以及大尺寸镁合金板材，探索合理有效的镁合金焊接方法，如钨极交流氩弧焊、激光焊接等环节新技术研发。

第2章
镁合金材料本构关系模型

2.1 材料本构关系模型

所谓材料本构关系模型，是指材料流变应力与变形温度、应变速率和应变等热变形工艺参数之间的数学关系模型，它表征材料变形过程中的动态响应。材料本构关系模型是塑性变形过程数值模拟和模具设计不可缺少的基础理论模型，其模型形式和准确度将直接影响塑性变形计算机仿真研究的计算精度、计算速度，将直接影响模具设计精度、塑性加工工艺参数制定的准确度。

常用的材料本构关系模型类型有两种，即唯象型本构关系模型和机理型本构关系模型。唯象型本构关系模型是建立在大量的实验观测数据之上，这些数据是在特定的、能表现出变形特征的变形温度及应变速率范围内测得的。对这些数据进行分析，得出本构关系模型。这种方法利用可测宏观参量来描述动力学行为，直观性强，便于工程应用。应用这种方法建立的是一个经验方程，但方程的结果在特定的变形工艺参数范围内还是比较准确的。机理型本构关系模型侧重于描述变形过程的微观机理，是建立在原子和分子模型描述的微观机制上。显然，唯象型本构关系模型比较简单，适用于塑性加工过程的数值模拟。

对于一般的工程金属材料，由于变形机制非常复杂，而且往往具有变形温度和应变速率敏感性，所以，通常采用实验方法测量一定应变速率、变形温度范围内的流动应力数据，根据这些数据建立相应的本构关系模型。由于材料在塑性加工过程中的动态响应是材料内部组织演化过程引起的硬化和软化过程综合作用的结果，故本构关系是高度非线性的，不存在普遍适用的构造方法。

在高温情况下，金属材料发生塑性变形时的流变应力与应变速率、变形温度、变形程度有关。金属材料的热加工变形与高温蠕变一样都是一个热激活过程，其热变形行为可用稳态变形阶段的应变速率（$\dot{\varepsilon}$）、变形温度（T）和流变应力（σ）之间的关系进行描述。

对不同材料高温塑性变形的研究发现，在低应力水平下，稳定流变应力（σ）和应变速率（$\dot{\varepsilon}$）之间的关系可用指数关系进行描述，见式（2.1）。

$$\dot{\varepsilon} = A_1 \sigma^{n_1} \tag{2.1}$$

式中，A_1、n_1 为与变形温度无关的常数。

在高应力水平下，流变应力 σ 和应变速率 $\dot{\varepsilon}$ 满足幂指数关系，见式（2.2）。

$$\dot{\varepsilon} = A_2 \exp(\beta\sigma) \tag{2.2}$$

式中，A_2、β 为与变形温度无关的常数。

依据材料的变形特点，本构关系式可表示为并联概率模型，见式（2.3）。

$$\sigma = \sigma_0 \cdot f_1(\varepsilon) \cdot f_2(\dot{\varepsilon}) \cdot f_3(T) \tag{2.3}$$

式中，σ 为屈服应力，MPa；σ_0 为初始屈服应力，MPa；$f_1(\varepsilon)$、$f_2(\dot{\varepsilon})$、$f_3(T)$ 分别为等效应变、等效应变速率和变形温度的函数。

1957 年，Fields and Bachofen 研究了大量金属材料之后，提出了一个含有应变以及应变速率与流变应力的本构关系模型，称为 FB 模型[41]，见式（2.4）。

$$\sigma = K\varepsilon^n (\dot{\varepsilon}/\dot{\varepsilon}_0)^m \tag{2.4}$$

Takuda 等[42] 利用式（2.4）模型提出了 AZ31 镁合金关于流变应力关系的模型，并提出了变形温度对热变形的影响，给方程增加了相应的参数，作了修正，模型形式见式（2.5）。

$$\sigma = K(T)\varepsilon^{n(\dot{\varepsilon}, T)} (\dot{\varepsilon}/\dot{\varepsilon}_0)^{m(T)} \tag{2.5}$$

式（2.5）能够在应变为 $0.05 \sim 0.7$ 以及应变速率为 $0.01 \sim 1\text{s}^{-1}$，变形温度为 $433 \sim 573\text{K}$ 的条件下应用。

在位错动力学研究方面，1983 年 Johnson 和 Cook 建立本构关系模型[43]，称为 JC 模型，其模型能够在大变形、高应变速率以及高温条件下应用，其表达式见式（2.6）。

$$\sigma = (A + B\varepsilon^n)[1 + C\ln\dot{\varepsilon}^*][1 - T^{*m}] \tag{2.6}$$

式中，$\dot{\varepsilon}^* = \dot{\varepsilon}/\dot{\varepsilon}_0$ 为应变比率（无量纲）；$T^* = (T - T_r)/(T_m - T_r)$（无量纲），$T$ 为绝对温度，T_r 为参考温度，T_m 为熔点温度；A、B、C、n 和 m 为待定参数。

Khan 等[44] 对 Johnson-Cook 模型参数加以优化，优化后的模型能够在较大的变形温度范围和较广的应变速率范围内使用，修正后模型见式（2.7）。

$$\sigma = [A + B(1 - \ln\dot{\varepsilon}/\ln D_0^p)^{n_1}\varepsilon^{n_1}]e^{C\ln\dot{\varepsilon}}(1 - T^{*m}) \tag{2.7}$$

式中，D_0^p 为上限应变速率，经验认为 $D_0^p = 10^6\text{s}^{-1}$；$A$、$B$、$C$、$n_1$、$n_0$ 和 m 为待定参数。

为了解决镁合金热变形条件下的加工软化情况，张先宏等[45] 和咸奎峰等[46] 引入了含有软化因子的流变应力关系模型，见式（2.8）。

$$\sigma = A\varepsilon^n \dot{\varepsilon}^m \exp(bT + s\varepsilon) \tag{2.8}$$

式中，s 为应变软化因子，并且有 $s < 0$。

张庭芳等[47] 通过对不同实验结果分析提出，本构关系模型中的软化因子 s 是一个能够随着变形温度以及应变速率的变化而变化的物理量，并且就此提出软化因子公式，并对模型式（2.8）进行了再次修正，提出了一个新的镁合金流变应力模型，能够应用变形温度范围更宽、应变速率范围更大的变形问题，模型表达式见式（2.9）。

$$\sigma = A\varepsilon^n \dot{\varepsilon}^m \exp[bT - D\ln(10000\dot{\varepsilon})/\ln T \times \varepsilon] \tag{2.9}$$

式中，D 为常数。

式（2.8）、式（2.9）一定程度上反映出了热变形工艺中材料的应变、应变速率以及热变形程度对流变应力的影响规律，但是在高应变速率下该模型才能够较好反映材料性能。

2.2 AZ31镁合金本构关系模型

2.2.1 双曲正弦本构关系模型

目前，广泛应用的材料本构模型是由 Sellars 和 Tegart 提出的包含变形激活能 Q、应变速率 $\dot{\varepsilon}$ 和变形温度 T 的双曲正弦形式的 Arrhenius 方程[48]，见式（2.10）。

$$\dot{\varepsilon} = A[\sinh(\alpha\sigma)]^n \exp\left(-\frac{Q}{RT}\right) \tag{2.10}$$

式中，σ 为流变应力，MPa；$\dot{\varepsilon}$ 为应变速率，s^{-1}；Q 为变形激活能，J/mol，与材料有关；α 为应力水平参数；n 为应力指数；T 为变形温度，K；R 为气体常数，$R = 8.314$J/(mol·K)；A 为与材料有关的常数。Q，A，n 与变形温度无关。

变形温度和变形速率对变形过程的影响，可由变形温度补偿应变速率 Zener-Hollomon 参数 Z 来综合表示，见式（2.11）。

$$Z = \dot{\varepsilon} \exp\left(\frac{Q}{RT}\right) \tag{2.11}$$

对于双曲正弦模型 $\sinh(x) = (e^x - e^{-x})/2$，经过 Thaler 展开后得到：

$$\sinh(x) = \frac{e^x - e^{-x}}{2} = x + \frac{x^3}{3!} + \frac{x^5}{5!} + \frac{x^7}{7!} + \cdots$$

当 $x \leqslant 0.5$ 时，忽略三次项以上的项，则 $\sinh(x) \approx x$，其相对误差小于 4.2%；当 $x \geqslant 2.0$ 时，忽略 e^{-x} 项，则 $\sinh(x) \approx e^x/2$，其相对误差小于 1.9%。因此，Arrhenius 方程中的双曲正弦函数可以简化成线性函数或指数函数形式。因此，式（2.10）可以简化为式（2.12）和式（2.13）的形式。

当 $\alpha\sigma \leqslant 0.5$ 时：

$$\dot{\varepsilon} = A_1 \sigma^n \exp\left(-\frac{Q}{RT}\right) \tag{2.12}$$

当 $\alpha\sigma \geqslant 2.0$ 时：

$$\dot{\varepsilon} = A_2 \exp(\alpha n\sigma) \exp\left(-\frac{Q}{RT}\right) \tag{2.13}$$

将式（2.10）、式（2.12）、式（2.13）整理得到材料本构关系模型，见式（2.14）。

$$\left.\begin{array}{ll} \dot{\varepsilon} = A_1 \sigma^n \exp\left(-\dfrac{Q}{RT}\right) & \text{当 } \alpha\sigma \leqslant 0.5 \\[2mm] \dot{\varepsilon} = A_2 \exp(\alpha n\sigma) \exp\left(-\dfrac{Q}{RT}\right) & \text{当 } \alpha\sigma \geqslant 2.0 \\[2mm] \dot{\varepsilon} = A[\sinh(\alpha\sigma)]^n \exp\left(-\dfrac{Q}{RT}\right) & \text{所有值} \end{array}\right\} \tag{2.14}$$

式中，$A_1 = A\alpha^n$；$A_2 = A/2^n$；$\dot{\varepsilon}$ 为应变速率，s^{-1}；Q 为变形激活能（J/mol），与材料有关；σ 为流变应力，MPa；n 为应力指数；T 为绝对变形温度，K；$R = 8.314$J/(mol·K)，为气体常数；A 为与材料有关的常数。

在变形温度不变的条件下，Q、T、A 均是常数，根据式（2.12）和式（2.13）可以确定 n 和 α 的计算公式，见式（2.15）和式（2.16）。

$$n = \frac{\partial \ln \dot{\varepsilon}}{\partial \ln \sigma} \qquad (2.15)$$

$$\alpha = \frac{1}{n} \times \frac{\partial \ln \dot{\varepsilon}}{\partial \sigma} \qquad (2.16)$$

在变形温度变化的条件下，Q 随变形温度的变化而变化，系数 α、n、A 均是常数，根据式（2.14）可以得到 Q 的计算式，见式（2.17）。A 值可以由式（2.14）求得。

$$Q = Rn \frac{d\{\ln[\sinh(\alpha\sigma)]\}}{d(1/T)} \qquad (2.17)$$

根据材料真实应力-应变曲线，以及式（2.15）～式（2.17），即可求式（2.14）中的系数 n、α、Q、A 的值，代入式（2.14）中，即可得到材料本构关系模型。

2.2.2 真实应力-应变曲线

对 AZ31 镁合金材料进行等应变速率热拉伸实验，变形温度分别为 250℃、300℃、350℃，应变速率分别为 0.01、0.10、1.00s^{-1}，变形程度均为 50%，测得真实应力-应变曲线见图 2.1。在真实应力-应变曲线的初始部分，曲线的斜率随变形温度的升高而降低，且随变形量的增大，曲线上升缓慢，达到一定应变后，曲线开始缓慢下降，之后呈水平状态。这表明在变形的初始阶段，处于微应变阶段，加工硬化占主导，镁合金仅发生部分的动态回复和再结晶，加工硬化作用远大于软化作用，从而引起真实应力值的急剧上升。随着变形过程的进行，曲线上升缓慢，达到一定应变，呈下降趋势，说明动态再结晶的发生增加了软化的作用，使流变应力下降，随变形过程的进一步进行，流变应力达到稳定水平线。

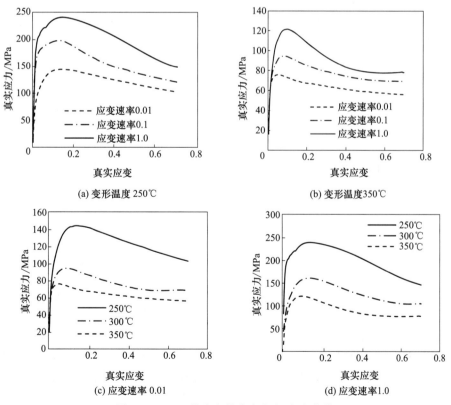

图 2.1 AZ31 镁合金的真实应力-应变曲线

2.2.3 本构关系模型的建立

根据图 2.1 所示的实验数据，绘制 $\ln\dot{\varepsilon}\text{-}\ln\sigma_p$、$\ln\dot{\varepsilon}\text{-}\sigma_p$、$\ln\sigma_p\text{-}1/T$ 和 $\ln[\sinh(\alpha\sigma)]\text{-}1/T$ 的曲线，见图 2.2，根据式（2.15）～式（2.17），可以确定 α、n、Q、A 值。在确定 α、n、Q、A 值时，可以根据真实应力-应变曲线中的峰值应力 σ_p 确定本构关系模型中的系数。根据图 2.2 所示的曲线，可以得到 α、n、Q、A 的值，即 $n=9.13$，$\alpha=0.0081$，$Q=252218$（J/mol），$A=5.718\times10^{20}$，$A_1=19.286$，$A_2=9.009\times10^{17}$。

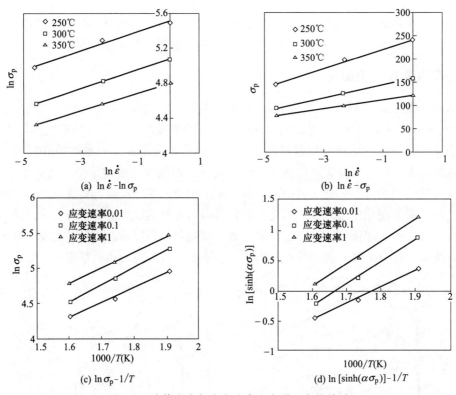

图 2.2　峰值应力与应变速率和变形温度的关系

将上述参数值代入式（2.14）中，即可得到 AZ31 镁合金的本构关系模型，见式（2.18）。

$$\dot{\varepsilon}=19.286\sigma^{9.13}\exp\left(-\frac{252218}{RT}\right)\qquad\text{当 }\alpha\sigma\leqslant0.5$$

$$\dot{\varepsilon}=9.009\times10^{17}\exp(0.0738\sigma)\exp\left(-\frac{252218}{RT}\right)\qquad\text{当 }\alpha\sigma\geqslant2.0 \tag{2.18}$$

$$\dot{\varepsilon}=5.718\times10^{20}\left[\sinh(0.0081\sigma)\right]^{9.13}\exp\left(-\frac{252218}{RT}\right)\qquad\text{所有值}$$

式（2.18）的本构模型计算值与实验数据相吻合，如图 2.3 所示。通过对计算结果与实验结果进行分析发现，所建立的本构关系模型的计算结果与实验结果之间的相对误差小于 13%。式（2.18）的 AZ31 镁合金本构关系模型的适用条件为变形温度范围 250～350℃、应变速率范围 0.01～1.0。

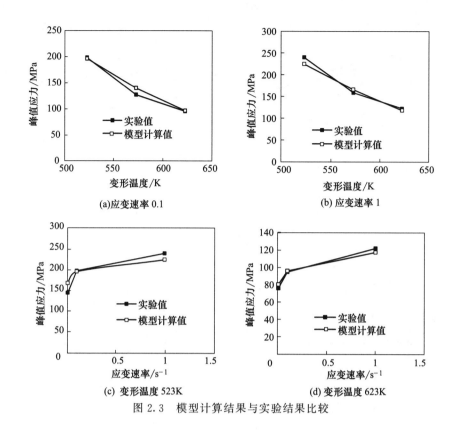

图 2.3　模型计算结果与实验结果比较

2.3　AZ80 镁合金本构关系模型

2.3.1　真实应力-应变曲线

对 AZ80 镁合金材料进行等应变速率热拉伸实验，变形温度范围 260～410℃，应变速率范围 0.001～10s^{-1}，变形程度均为 50%。测得的 AZ80 镁合金真实应力-应变曲线见图 2.4。

由图 2.4 可以看出，在不同变形条件下的真实应力-应变曲线形状上是相似的，均呈现出明显的动态再结晶特征，这说明 AZ80 镁合金在变形过程中易于发生动态再结晶。由图 2.4 可以发现，在一定应变速率下流变应力首先随着应变的增加而迅速上升，出现峰值后逐渐下降，当达到一定的应变后其流变应力基本保持不变，最后趋于一个稳定值。在一定变形温度下，流变应力首先随着应变的增加而迅速上升，出现峰值后逐渐下降，当达到一定的应变后其流变应力基本保持不变，最后趋于一个稳定值。

2.3.2　本构关系模型建立

根据图 2.4 的实验数据，绘制不同变形温度条件下 $\ln\sigma$-$\ln\dot{\varepsilon}$ 的关系曲线，如图 2.5 所示。其中图 2.5（a）、图 2.5（b）分别为 $\varepsilon=0.1$ 和 $\varepsilon=0.2$ 时的 $\ln\sigma$-$\ln\dot{\varepsilon}$ 曲线。可以看出，不同变形温度下曲线的斜率接近，即 n 值不随变形温度变化而变化。根据式（2.15），通过一元线性回归分析，可以求出不同应变条件下的 n 值。

绘制不同变形温度条件下的 σ-$\ln\dot{\varepsilon}$ 的关系曲线，如图 2.6 所示。其中图 2.6（a）、图

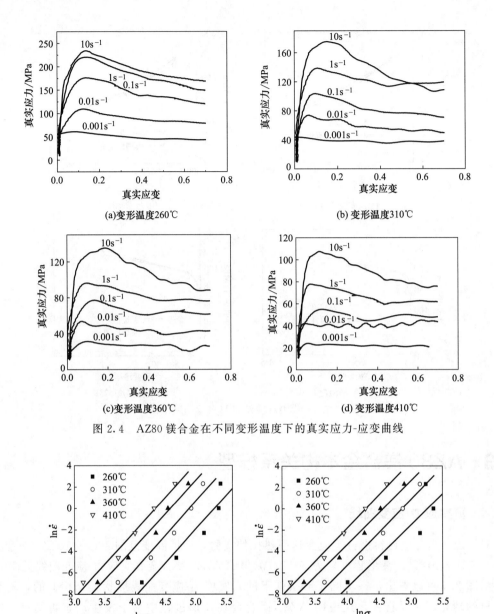

图 2.4　AZ80 镁合金在不同变形温度下的真实应力-应变曲线

图 2.5　AZ80 镁合金的 lnσ-ln$\dot{\varepsilon}$ 曲线

2.6 (b) 分别为 $\varepsilon=0.1$ 和 $\varepsilon=0.2$ 时的 σ-ln$\dot{\varepsilon}$ 曲线。可以看出，不同变形温度下曲线的斜率接近，即 αn 值不随变形温度的变化而变化，由于 n 值与变形温度无关，因此 α 值也与变形温度无关。根据式 (2.16)，通过一元线性回归分析，可以求出不同应变条件下的 α 值。

绘制不同应变速率条件下的 $1/T$-ln$[\sinh(\alpha\sigma)]$ 的关系曲线，如图 2.7 所示。其中图 2.7 (a)、图 2.7 (b) 分别为 $\varepsilon=0.1$ 和 $\varepsilon=0.2$ 时的 $1/T$-ln$[\sinh(\alpha\sigma)]$ 曲线。可以看出，不同应变速率下曲线的斜率接近，即 Q 值不随应变速率 $\dot{\varepsilon}$ 的变化而变化。根据式 (2.17)，通过一元线性回归分析，可以求出不同应变条件下的 Q 值。将线性回归求得的系数 n、α、Q 值代入式 (2.14) 中，即可确定 ln$A$ 的值。图 2.8 为系数 n、α、Q、A 的值与应变之间

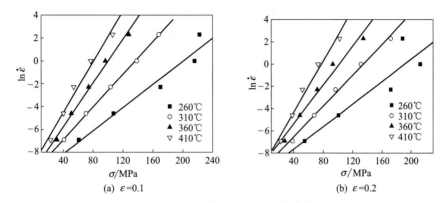

图 2.6　AZ80 镁合金的 σ-ln$\dot{\varepsilon}$ 曲线

的关系曲线。

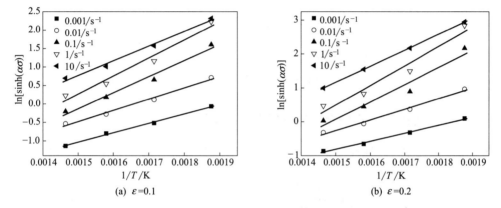

图 2.7　AZ80 镁合金的 $1/T$-ln$[\sinh(\alpha\sigma)]$ 曲线

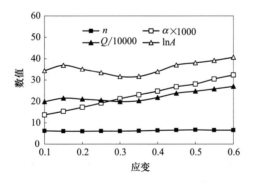

图 2.8　系数 n、α、Q、A 的值与应变之间的关系曲线

对图 2.8 中的数据曲线进行回归分析，就可以确定式（2.14）中的系数与应变之间的关系，见式（2.19）～式（2.23）。

$$n = -28.38\varepsilon^4 + 4.70\varepsilon^3 + 19.55\varepsilon^2 - 7.73\varepsilon + 6.83 \tag{2.19}$$

$$\alpha = 0.251\varepsilon^4 - 0.344\varepsilon^3 + 0.160\varepsilon^2 + 0.008\varepsilon + 0.012 \tag{2.20}$$

$$Q = -15576000\varepsilon^4 + 21874900\varepsilon^3 - 10092800\varepsilon^2 + 1826240\varepsilon + 98686 \tag{2.21}$$

$$\ln A = -2985.8\varepsilon^4 + 4166.4\varepsilon^3 - 1909.6\varepsilon^2 + 328.98\varepsilon + 17.14 \tag{2.22}$$

将 n、α、Q、$\ln A$ 的表达式代入式（2.14）中，即得到 AZ80 镁合金的本构关系模型，该模型适用条件为变形温度范围在 260～410℃、应变速率在 0.001～10s^{-1}。

2.3.3　实验验证

图 2.9 为 AZ80 镁合金高温变形本构模型的计算结果与实验数据的对比分析，结果表明，本构关系模型的计算值与实验值的相对误差小于 12.6%。

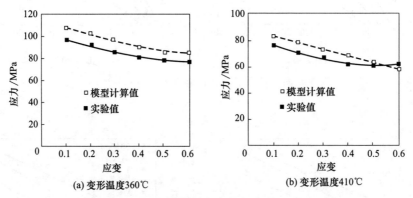

(a) 变形温度360℃　　　　　　(b) 变形温度410℃

图 2.9　AZ80 镁合金本构关系模型计算值与实验值对比（应变速率 1s^{-1}）

2.3.4　忽略应变的 AZ80 镁合金热变形本构关系模型

在热变形过程中，应变硬化很弱，因此在建立热变形本构关系模型时，可以忽略应变的

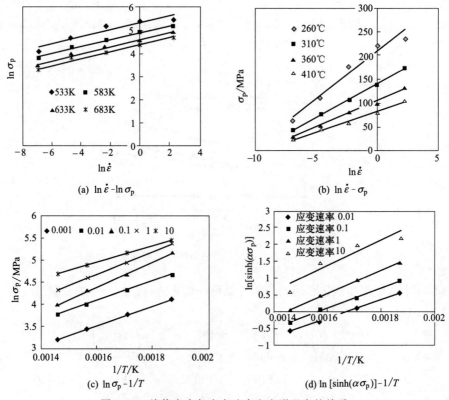

(a) $\ln\dot\varepsilon$-$\ln\sigma_p$　　　　　　(b) $\ln\dot\varepsilon$-σ_p

(c) $\ln\sigma_p$-$1/T$　　　　　　(d) $\ln[\sinh(\alpha\sigma_p)]$-$1/T$

图 2.10　峰值应力与应变速率和变形温度的关系

影响，即可以通过峰值应力来确定本构方程中的系数。

根据图 2.4 中的真实应力-应变曲线中的峰值应力（σ_{p}）来确定本构关系模型（式 2.14）中的参数。根据实验数据 ε、$\dot{\varepsilon}$、T 的值，绘制 $\ln\dot{\varepsilon}$-$\ln\sigma_{\mathrm{p}}$、$\ln\dot{\varepsilon}$-σ_{p} 和 $\ln[\sinh(\alpha\sigma_{\mathrm{p}})]$-$1/T$ 的曲线，如图 2.10 所示。

对图 2.10 中曲线进行回归分析，可以确定 n、α、Q、A 值，即 $n=6.6625$，$\alpha=0.01238$，$Q=140671$（J/mol），$A=1.019\times10^{20}$，$A_1=19.15\times10^6$，$A_2=1.006\times10^{18}$。以上参数代入式（2.14），得到忽略应变的 AZ80 镁合金本构关系模型，见式（2.23）。

$$\begin{cases} \dot{\varepsilon}=19.15\times10^6\sigma^{6.6625}\exp\left(-\dfrac{140671}{RT}\right) & \alpha\sigma<0.5 \\[3mm] \dot{\varepsilon}=1.006\times10^{18}\exp(0.0825\sigma)\exp\left(-\dfrac{140671}{RT}\right) & \alpha\sigma>2.0 \\[3mm] \dot{\varepsilon}=1.019\times10^{20}\left[\sinh(0.01238\sigma)\right]^{6.6625}\exp\left(-\dfrac{140671}{RT}\right) & \alpha\sigma \text{ 为任意值} \end{cases} \quad (2.23)$$

建立的本构模型计算值与实验数据相比较，如图 2.11 所示。通过对计算结果与试验结果进行误差分析表明，所建立的本构关系模型的计算结果与实验结果之间的相对误差小于 13.8%。本书确定的 AZ80 镁合金本构关系模型的适用变形温度范围为 260～410℃，应变速率范围为 0.001～10s^{-1}。

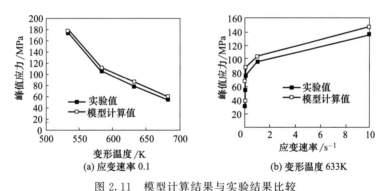

图 2.11　模型计算结果与实验结果比较

2.4　硬化延迟材料模型的本构关系

2.4.1　硬化延迟材料模型的定义

对于镁合金板材，沿平行板材厚度方向（ND）和板材轧制方向（RD）进行压缩变形实验时，获得的 AZ31 镁合金板材的真实应力-应变曲线见图 2.12（a）。图 2.12（b）为 AZ31 镁合金应变硬化率-应变曲线。从图 2.12（b）的应变硬化率 dσ/dε 随应变的变化曲线中可以看出，平行于 ND 方向压缩变形时，应变达到 0.02 时应变硬化率 dσ/dε 达到最大，然后逐渐降低，随后基本稳定。忽略材料弹性性能的影响，平行于 ND 方向压缩变形时，应变硬化率最大时应变为 0.02 左右。对于平行于 RD 方向压缩变形时，其应变硬化率先是在 2500 时趋于稳定，随后在应变达到 0.06 时开始上升，应变达到 0.10 左右时达到极值，之后又开始下降。平行于 RD 方向压缩变形时，应变硬化率最大时，其对应应变为 0.10 左右。从

图 2.12（b）还可以看出，当两条应变硬化系数与应变的关系曲线相交时，即应变为 0.05 左右时，此时应力值相差最大。

把图 2.12（a）所示的平行于轧制方向（RD 方向）的真实应力-应变曲线定义为硬化延迟材料模型。其特点是在压缩变形初始阶段先屈服，但随着变形程度的进行，拉伸孪晶达到饱和后，柱面滑移与锥面滑移开始启动，众多滑移系的启动导致位错的聚集，所以应变硬化率开始上升。传统的材料在塑性变形硬化阶段，其流动应力随应变的变化梯度（$d\sigma/d\varepsilon$）是逐渐减小的。而对于某些材料，在塑性变形硬化阶段，其流动应力随应变的变化梯度（$d\sigma/d\varepsilon$）是逐渐增大的，将这种材料模型定义为硬化延迟材料模型。硬化延迟材料模型与传统材料模型有明显区别，即材料加工硬化发生了明显延迟现象。针对硬化延迟材料模型，作者提出了一种新的数学模型来建立硬化延迟材料的本构关系模型，并且制定了具体建立方法。

硬化延迟现象的出现，主要因为是在变形过程中，由材料内部位错的聚集的早晚所决定。轧制镁合金板材，具有强烈的基面织构，基面平行于 RD 方向，镁合金晶体结构的 c 轴平行于 ND 方向。由于其晶体结构的原因，在较低变形温度下，平行于 c 轴压缩时不容易产生拉伸孪晶，并且在该条件下基面滑移系以外的滑移系很难启动，所以变形初期就产生了应变硬化效果。但随着变形的进行，部分晶粒发生旋转，导致其他滑移系启动，协调金属内部的变形，应变硬化就明显降低，直至最后断裂。垂直于 c 轴压缩时，即宏观上是平行于 RD 方向压缩。镁合金晶体容易产生拉伸孪晶，拉伸孪晶使镁合金晶体旋转至利于其他滑移系启动的角度，从而间接协调变形。随着应变值的增大，孪晶量不断减少，应变硬化逐渐增强，当应变硬化率达到最大 0.10 时，孪晶量也达到最大值。

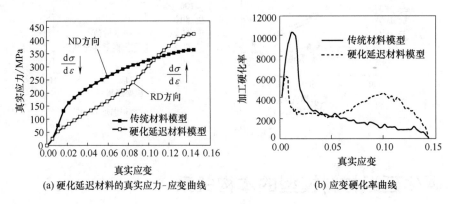

(a) 硬化延迟材料的真实应力-应变曲线　　(b) 应变硬化率曲线

图 2.12　硬化延迟材料模型的定义

2.4.2　新的材料本构关系模型的提出及建立方法

作者提出了一种新的材料本构关系模型，见式（2.24）。

$$\sigma = k_1 \exp(k_2\varepsilon) + k_3 \sin(k_4\varepsilon + k_5) \tag{2.24}$$

式中，σ 为流变应力，MPa；ε 为应变；k_1、k_2、k_3、k_4、k_5 是与变形温度 T（K）及应变速率 $\dot{\varepsilon}$（s^{-1}）有关的参数，见式（2.25），由材料真实应力-应变实验数据确定。

$$k_1 = f_1(T, \dot{\varepsilon}) \tag{2.25a}$$

$$k_2 = f_2(T, \dot{\varepsilon}) \tag{2.25b}$$

$$k_3 = f_3(T, \dot{\varepsilon}) \tag{2.25c}$$

$$k_4 = f_4(T, \dot{\varepsilon}) \tag{2.25d}$$

$$k_5 = f_5(T, \dot{\varepsilon}) \tag{2.25e}$$

式中，T 为变形温度，K；$\dot{\varepsilon}$ 为应变速率，s^{-1}。

对于式（2.24）中的相关参数，确定方法如下：①根据材料真实应力-应变实验数据以及数据处理软件拟合计算，可以直接确定参数 k_4 的值；②根据实验数据以及数据处理软件拟合计算，确定参数 k_1 与变形温度 T 的关系；③根据实验数据以及数据处理软件拟合计算，确定参数 k_5 与 $\ln\dot{\varepsilon}$ 的关系；④根据实验数据以及数据处理软件拟合计算，确定参数 k_2 与变形温度 T 及应变速率 $\dot{\varepsilon}$ 之间关系；⑤根据实验数据以及数据处理软件拟合计算，确定参数 k_3 与变形温度 T 及应变速率 $\dot{\varepsilon}$ 之间关系；⑥将确定的参数 k_1、k_2、k_3、k_4、k_5 表达式代入式（2.24），即可得到硬化延迟材料的本构关系模型。

2.4.3 应用实例

对 AZ31 镁合金轧制板材进行等温压缩实验，变形温度分别为 170℃、210℃和 250℃，应变速率分别为 $0.1s^{-1}$、$0.01s^{-1}$、$0.001s^{-1}$。在压缩变形前将试样在相应变形温度下保温 10min，以保证材料内部温度分布均匀，然后在设定的变形温度与应变速率下，对轧制方向（RD）的试样进行压缩实验。

在不同变形温度与不同应变速率时，AZ31 镁合金轧制板材的真实应力-应变曲线如图 2.13 所示。实验结果具有共同特征。其一，在材料变形弹性阶段，流变应力值随应变的增加呈直线增大，两者呈线性关系。其二，材料进入塑性变形阶段，曲线并没有随着变形先出现应变硬化现象，而是先出现明显屈服现象。并且，在相同变形温度下，随着应变速率的降低，该阶段的屈服现象越明显。在相同应变速率下，随着变形温度的降低，屈服现象也越明显。其三，经过材料变形的屈服阶段后，曲线呈现出应变硬化现象，即随着应变的增加，流变应力开始增加。

上述现象是由于镁合金压缩与拉伸变形的应力应变不对称性所导致。在平行厚度方向（ND）压缩时，镁合金板材组织受到的力是平行于 c 轴方向的压应力，在平行轧制方向（RD）压缩时，镁合金板材组织受到的力是垂直于 c 轴的压应力。忽略其他方向的影响，只考虑镁合金板材各项异性中的这两种情况，即平行轧制方向（RD）与平行厚度方向（ND）的真实应力应变情况。由于镁合金为密排六方晶体结构，其 $c/a = 1.623$，小于临界值 $\sqrt{3}$，所以在垂直于 c 轴压缩时，容易产生 $\{10\bar{1}2\}<10\bar{1}1>$ 锥面孪生行为，在垂直于 c 轴拉伸时，则不易产生孪晶。在变形初期，拉伸孪晶和基面滑移占主导地位来协调金属的变形。

以 AZ31 镁合金为实例，阐明作者提出的新的材料本构关系模型的应用。AZ31 镁合金轧制板材的真实应力-应变曲线，如图 2.13 所示，建立本构关系模型步骤如下。

① 根据实验数据以及数据处理结果，采用式（2.24）模型进行数学拟合，结果表明参数 k_4 随变形温度 T 和应变速率 $\dot{\varepsilon}$ 变化不明显，因此可以直接得到参数 k_4 值，即 $k_4 = -17.57$。

② 根据图 2.13 的实验数据以及数据处理结果，表明参数 k_1 随应变速率 $\dot{\varepsilon}$ 变化不明显，而随变形温度变形明显，得到了参数 k_1 与变形温度 T 的对应关系。参数 k_1 随着变形温度的升高成线性变化，如图 2.14 所示，用线性函数拟合其关系，得到参数 k_1 与 T 的函数关系 $k_1 = f_1(T)$，见式（2.26）。

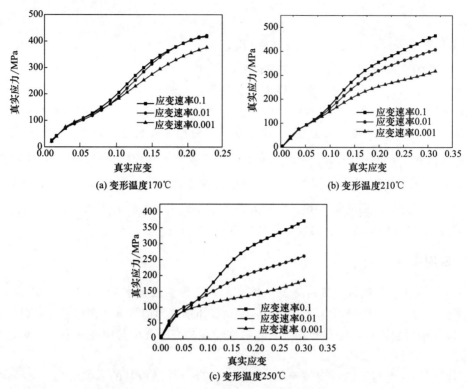

图 2.13 AZ31 镁合金轧制板材的真实应力-应变曲线

$$k_1 = -0.2525T + 233.2125 \tag{2.26}$$

③ 根据图 2.13 的实验数据以及数据处理结果，表明参数 k_5 随变形温度变化不明显，而随应变速率变化明显。由数值可以看出参数 k_5 随着 $\ln\dot{\varepsilon}$ 的降低而成线性增加，如图 2.15 所示，所以用线性函数来拟合 k_5 与 $\ln\dot{\varepsilon}$ 的对应关系，拟合结果确定了参数 k_5 与 $\ln\dot{\varepsilon}$ 的关系 $k_5 = f_5(\dot{\varepsilon})$，见式 (2.27)。

$$k_5 = -0.0434\ln\dot{\varepsilon} + 4.8126 \tag{2.27}$$

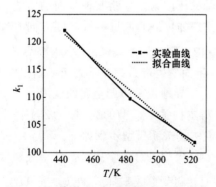

图 2.14 参数 k_1 与变形温度 T 的关系

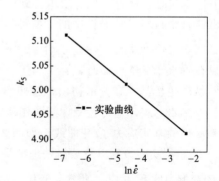

图 2.15 参数 k_5 与 $\ln\dot{\varepsilon}$ 的对应关系

④ 根据图 2.13 的实验数据以及数据处理结果，表明参数 k_2 随变形温度及应变速率变化明显，参数 k_2 值与变形温度 T 及应变速率 $\dot{\varepsilon}$ 变化关系。如图 2.16 所示，可以看出，在同一变形温度下，参数 k_2 随 $\ln\dot{\varepsilon}$ 减小而减小，所以，在由参数 k_2 与 $\ln\dot{\varepsilon}$ 构成的坐标系中，

绘制不同变形温度条件下的参数 k_2 值，并且对每一组变形温度参数 k_2 值分别进行线性拟合。每个变形温度下参数 k_2 值与 $\ln\dot{\varepsilon}$ 的关系用线性公式 $k_2 = m\ln\dot{\varepsilon} + n$ 进行拟合，拟合结果为：

$$\begin{cases} k_2 = 0.13\ln\dot{\varepsilon} + 5.2667 & (T = 443\text{K}) \\ k_2 = 0.28\ln\dot{\varepsilon} + 5.5333 & (T = 483\text{K}) \\ k_2 = 0.52\ln\dot{\varepsilon} + 5.6000 & (T = 523\text{K}) \end{cases}$$

从以上拟合结果可以看出，在线性公式 $k_2 = m\ln\dot{\varepsilon} + n$ 中，系数 m 值随变形温度的升高而增大，而系数 n 值基本上不随变形温度的变化而变化，所以对系数 n 值取平均值，即 $n = 5.4667$。对系数 m 值再进行进一步拟合，即对系数 m 值与变形温度 T 之间关系曲线进行拟合，拟合曲线如图 2.17 所示。拟合结果为 $m = 0.049T - 2.0450$。得到参数 k_2 与变形温度 T 及应变速率 $\dot{\varepsilon}$ 的关系 $k_2 = f_2(T, \dot{\varepsilon})$，见式（2.28）。

$$k_2 = (0.0049T - 2.0450)\ln\dot{\varepsilon} + 5.4667 \tag{2.28}$$

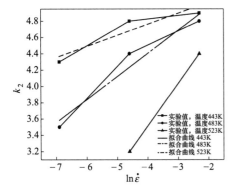

图 2.16　参数 k_2 值与 $\ln\dot{\varepsilon}$ 的关系

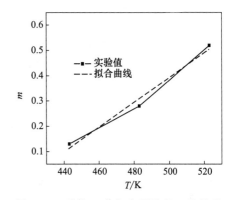

图 2.17　系数 m 值与变形温度 T 的关系

⑤ 根据图 2.13 的实验数据以及数据处理结果，结果表明参数 k_3 随变形温度及应变速率变化明显。参数 k_3 值与变形温度 T 及 $\ln\dot{\varepsilon}$ 之间关系如图 2.18 所示。可以看出，在同一变形温度下参数 k_3 值随 $\ln\dot{\varepsilon}$ 值减小而减小，每个变形温度下参数 k_3 值与 $\ln\dot{\varepsilon}$ 的关系用线性公式 $k_3 = p\ln\dot{\varepsilon} + q$ 进行拟合，拟合结果为：

$$\begin{cases} k_3 = 0.5435\ln\dot{\varepsilon} + 90.6667 & (T = 443\text{K}) \\ k_3 = 9.7826\ln\dot{\varepsilon} + 93.3333 & (T = 483\text{K}) \\ k_3 = 10.000\ln\dot{\varepsilon} + 82.0000 & (T = 523\text{K}) \end{cases}$$

线性公式 $k_3 = p\ln\dot{\varepsilon} + q$ 中，p 值随变形温度的升高而增大，而 q 值基本上不随变形温度的变化而变化，所以对 q 值取平均值，即 $q = 88.6667$。关于 p 值与变形温度 T 之间的关系用线性函数进行拟合，拟合曲线如图 2.19 所示，拟合结果为 $p = 0.0571T - 19.1880$，这样就可以确定参数 k_3 与变形温度 T 及应变速率 $\dot{\varepsilon}$ 之间的关系式 $k_3 = f_3(T, \dot{\varepsilon})$，见式（2.29）。

$$k_3 = (0.0571T - 19.1880)\ln\dot{\varepsilon} + 88.6667 \tag{2.29}$$

⑥ 将参数 k_1、k_2、k_3、k_4、k_5 的表达式（2.26）～式（2.29）代入式（2.24）中，即可得到硬化延迟材料的本构关系模型，即 AZ31 镁合金轧制板材的本构关系模型，见式（2.30）。

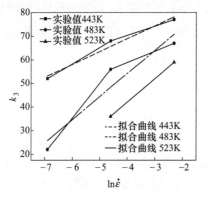

图 2.18　参数 k_3 值与 $\ln\dot\varepsilon$ 的关系

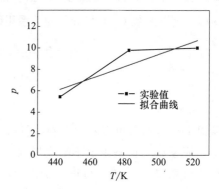

图 2.19　系数 p 值与变形温度 T 的关系

$$\sigma=(-0.2525T+233.2125)\exp\{[(0.0049T-2.0450)\ln\dot\varepsilon+5.4667]\varepsilon\}$$
$$+[(0.0571T-19.1880)\ln\dot\varepsilon+88.6667]\sin[-17.5700\varepsilon+(-0.0434\ln\dot\varepsilon+4.8126)]$$
$$(2.30)$$

⑦ 图 2.20 为本书提出的材料本构关系模型（式 2.30）计算结果与实验结果的对比分析，可以看出，计算结果与实验结果相吻合，相对误差小于 12.5%。

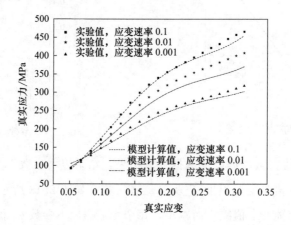

图 2.20　材料本构关系模型计算结果与实验结果对比

2.5　基于管材挤压实验的 ZK60 镁合金本构关系模型

2.5.1　模型建立方法

目前关于材料热变形本构关系模型的建立方法是依据 Arrhenius 型方程形式，对热模拟实验数据或热拉伸实验数据采用数理统计的方法建立起来的。热模拟实验或热拉伸实验时的变形体是一个自由镦粗或自由拉伸的变形过程，都是受单向外力作用，而且其未受力方向上都是自由表面。如果采用热模拟实验或热拉伸实验数据建立起来的材料本构关系模型应用到挤压变形过程中，由于应力状态等变形条件不同，必然产生计算误差，进而影响数值模拟精度。因为挤压变形时的受力状态与热模拟实验或热拉伸实验时的受力状态差别明显，挤压变形时变形体的三个方向都是受压应力作用，而热模拟实验或热拉伸实验时的变形体都是受单向压力或单向拉伸力作用，而且其他方向上都是自由表面。因此为了建立准确的管材挤压变形时材料本构关系模型，作者根据管材挤压实验数据和 Arrhenius 型方程建立了适合于管材挤压变形时的材料本构关系模型。材料在挤压变形过程中，其挤压力的变化规律与圆柱体热压缩模拟实验时的热压缩变形力变化规律相似，因此采用挤压变形时的单位挤压力-应变速率数值来确定适用于管材挤压变形时的本构关系模型是可行的，也是合理的。

在变形温度 270～330℃ 范围内、应变速率为 1.29～5.15 条件下，对 ZK60 镁合金进行了管材挤压实验研究，测试了相关参数。根据 ZK60 镁合金管材挤压变形时的单位挤压力-应变速率关系，来确定适用于管材挤压变形时的本构关系模型，其优点是建立的管材挤压变形本构关系模型更适合管材挤压变形时的数值计算或有关工艺参数确定及模具设计。

根据管材挤压变形时的单位挤压力-应变速率数值，根据式（2.14）～式（2.17），可以确定 n，α，Q，A 值，这样材料本构关系模型就可以建立起来。在计算 n，α，Q，A 值时，式（2.14）～式（2.17）中的单位挤压力 σ 取峰值应力 σ_p 进行计算。测得峰值应力 σ_p 的值后，绘制 $\ln\dot{\varepsilon}$-$\ln\sigma_p$、$\ln\dot{\varepsilon}$-σ_p 和 $\ln[\sinh(\alpha\sigma_p)]$-$1/T$ 的曲线，就可以确定 n，α，Q，A 值，代入式（2.14）中，就可以确定适合于管材挤压变形时的材料本构关系模型。

挤压变形时平均应变速率与挤压速度的关系为 $\dot{\varepsilon}=v_o(G-1)/H$，其中，$\dot{\varepsilon}$ 为平均应变速率，1/s；v_o 为挤压速度，mm/s；G 为挤压比；θ 为凹模锥半角，(°)；H 为锥形凹模高度，mm，$H=\tan(90-\theta)(D-d)/2$；D 为挤压坯料外径，mm；d 为挤压管材外径，mm。

只要改变挤压速度，就可以得到不同的挤压变形时的平均应变速率。因此，根据挤压实验，就可以得到不同变形温度和不同应变速率时的单位挤压力与变形温度、应变速率关系曲线。

2.5.2 挤压实验技术标准

为了规范挤压实验，制定了以下技术标准：①挤压坯料尺寸是外径 $D=40.5$mm，内径 $D_i=12.5$mm，见图 2.21（a）；②挤压管材尺寸是外径 $d=20$，内径 $d_i=D_i=12$；③挤压凹模见图 2.21（b），凹模锥半角 θ 为 70°；④挤压实验装置见图 2.21（c）；⑤其他工艺参数，挤压比 G 为 5.69，摩擦系数为 0.09。

实验步骤包括：①准备挤压坯料，相关辅助材料；②由挤压实验测得单位挤压力-应变

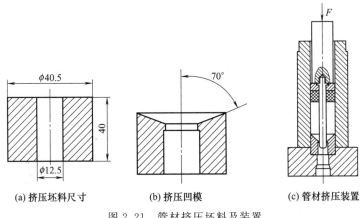

(a) 挤压坯料尺寸　　　　(b) 挤压凹模　　　　(c) 管材挤压装置

图 2.21　管材挤压坯料及装置

速率数值；③绘制 $\ln\dot\varepsilon\text{-}\ln\sigma_p$、$\ln\dot\varepsilon\text{-}\sigma_p$ 和 $\ln[\sinh(\alpha\sigma_p)]\text{-}1/T$ 的曲线；④根据式（2.15）~式（2.17），确定式（2.14）中的 n，α，Q，A 值；⑤将 n，α，Q，A 值代入式（2.14）中，即可得到适用于管材挤压变形过程的本构关系模型。

挤压工艺参数确定如下，变形温度分别为 270℃、300℃、330℃；挤压速度分别为 1.00mm/s、2.00mm/s、4.00mm/s，对应的平均应变速率分别为 1.29s^{-1}、2.56s^{-1}、5.15s^{-1}。图 2.22 为 ZK60 镁合金挤压坯料、挤压管材以及单位挤压力实验结果。

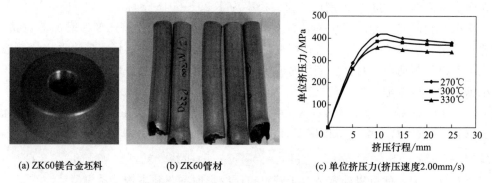

(a) ZK60镁合金坯料　　(b) ZK60管材　　(c) 单位挤压力(挤压速度2.00mm/s)

图 2.22　ZK60 镁合金挤压坯料、挤压管材及单位挤压力实验结果

2.5.3　实验结果及分析

根据管材挤压实验测得的单位挤压力-应变速率的数值，绘制 $\ln\dot\varepsilon\text{-}\ln\sigma_p$、$\ln\dot\varepsilon\text{-}\sigma_p$ 和 $\ln[\sinh(\alpha\sigma_p)]\text{-}1/T$ 的曲线，见图 2.23。根据图 2.23 和式（2.15）~式（2.17），得到 n、α、Q、A 值分别为 $n=9.45$，$\alpha=0.00278$，$Q=169388$，$A=4.729\times10^{14}$，则 ZK60 镁合金管

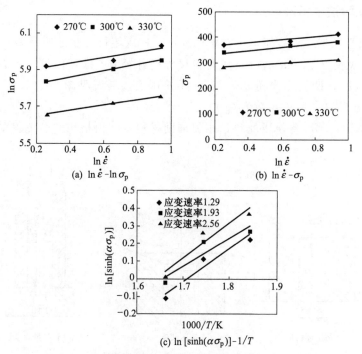

(a) $\ln\dot\varepsilon\text{-}\ln\sigma_p$　　　　　　　(b) $\ln\dot\varepsilon\text{-}\sigma_p$

(c) $\ln[\sinh(\alpha\sigma_p)]\text{-}1/T$

图 2.23　单位挤压力与应变速率及变形温度关系曲线

材挤压变形时的本构关系模型见式（2.31），其适用条件是挤压变形温度范围 270～330℃ 和应变速率范围 1.29～5.15。

$$\dot{\varepsilon} = 4.729 \times 10^{14} \left[\sinh(0.00278\sigma) \right]^{9.45} \exp\left(-\frac{169388}{RT}\right) \tag{2.31}$$

图 2.24 为基于管材挤压实验的 ZK60 镁合金本构关系模型的计算结果与实验结果对比分析，结果表明，本构关系模型的计算值与实验值的相对误差小于 9.2%。

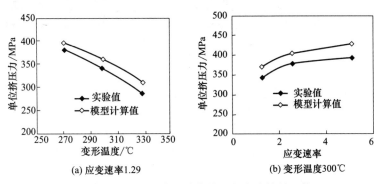

(a) 应变速率1.29　　　　　(b) 变形温度300℃

图 2.24　本构模型计算结果与实验结果比较

管材挤压变形力的计算采用式（2.32）。

$$P = \frac{1}{4}\pi(D_o^2 - D_i^2)\frac{Sk_1}{k_1-1}\left[\left(\frac{D_o}{d_o}\right)^{2(k_1-1)} - 1\right] \tag{2.32}$$

式中，$k_1 = 1 + \mu_1/\tan\theta + \mu_2/\sin\theta$；$S$ 为流动应力，MPa；D_o，D_i 分别为挤压坯料外径和内径，mm；d_o，d_i 分别为挤压管材外径和内径，mm，$d_i = D_i$；θ 为挤压凹模锥半角；μ_1 为变形区金属与挤压套之间摩擦系数；μ_2 为变形区金属与挤压针之间摩擦系数。

利用式（2.31）的本构关系模型和式（2.32）的管材挤压变形力计算公式，对 ZK60 镁合金管材挤压变形力进行了理论计算，计算结果见图 2.25。挤压坯料尺寸为外径 $D_o = 40$mm，内径 $D_i = 12$mm。挤压管材尺寸外径 $d_o = 20$，内径 $d_i = D_i = 12$mm。挤压凹模锥半角（θ）为 70°。挤压比（G）为 5.69。挤压速度（V）2.00mm/s，挤压变形温度 300℃。平均单位挤压力计算值与最大挤压力实验值的相对误差小于 6.3%。

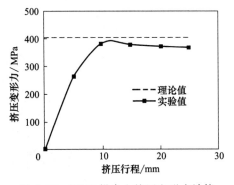

图 2.25　ZK60 镁合金挤压变形力计算结果与实验结果

第3章
镁合金热变形组织演变模型

3.1 等温处理晶粒长大数学模型

3.1.1 AZ31镁合金等温处理过程中晶粒长大模型

镁合金材料在加热过程中，晶粒尺寸随加热温度与保温时间的变化模型是优化镁合金材料固溶处理工艺参数的重要理论基础，也是进行数值模拟分析的重要数学模型。

（1）工艺参数对镁合金晶粒尺寸的影响规律

实验材料为7mm厚的热轧态AZ31镁合金板材。试样的加热温度分别为200℃、250℃、300、350℃、400℃、450℃，保温时间分别为10min、30min、45min、60min。金相组织观察面及晶粒尺寸计算面均为TD面（Transverse direction，TD面是板材纵向断面）。AZ31镁合金板材加热前的原始组织为均匀等轴晶粒，如图3.1（a）所示，其平均晶

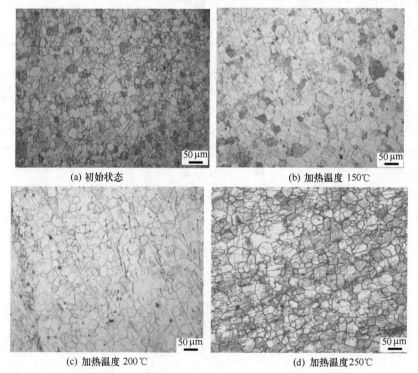

(a) 初始状态 (b) 加热温度 150℃

(c) 加热温度 200℃ (d) 加热温度250℃

图3.1　AZ31镁合金在不同加热温度时保温45min后的金相组织（一）

粒尺寸为 20.08μm。工艺参数包括加热温度和保温时间。

加热温度对镁合金晶粒尺寸的影响如图 3.1 所示。图 3.1 (a) 为试样的初始状态，图 3.1 (b)~(d) 分别为试样在加热温度 150℃、200℃和 250℃条件下、保温时间 45min 后的显微组织，所对应的平均晶粒尺寸分别为 24.50μm、32.34μm、26.18μm，晶粒尺寸先增加再减小。根据实验结果可知，当加热温度低于 250℃时，晶粒尺寸并不会大幅度增加，甚至晶粒不会长大。图 3.2 给出了加热温度为 300℃、350℃、400℃和 450℃时、保温时间 45min 的显微组织，对应的平均晶粒尺寸分别为 30.41μm、32.63μm、43.92μm 和 57.17μm，可以看出，随着加热温度升高，晶粒尺寸一直增加，而且加热温度越高，晶粒长大越明显。

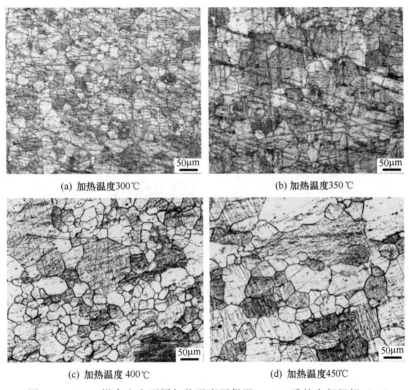

(a) 加热温度300℃ (b) 加热温度350℃

(c) 加热温度400℃ (d) 加热温度450℃

图 3.2　AZ31 镁合金在不同加热温度下保温 45min 后的金相组织（二）

图 3.3 给出了 AZ31 镁合金平均晶粒尺寸随加热温度和保温时间的变化关系，当保温时间相同时，随着加热温度的升高，晶粒尺寸先增大，后减小，最后又增大。低温加热时，随着孪晶逐渐消失以及再结晶晶粒的形核，再加上组织中原始的较大晶粒以及细小的再结晶晶粒，使得平均晶粒尺寸有长大趋势。随着加热温度的升高，再结晶形核速率要高于长大速率，从而导致了再结晶后的平均晶粒尺寸变小。当加热温度继续升高时，晶粒一直长大，随着保温时间的延长，晶粒长大速度明显加快，高温阶段晶粒长大速度比较快。

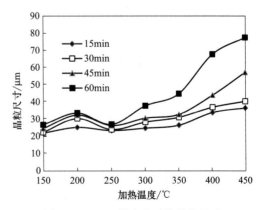

图 3.3　AZ31 镁合金平均晶粒尺寸随加热温度和保温时间的变化关系

　　图 3.4 为 AZ31 镁合金在加热温度 450℃下保温不同时间后的金相显微组织，可以看出，在同一加热温度下，保温时间越长，晶粒越粗大。保温时间为 15min 时，平均晶粒尺寸为 $36.43\mu m$，保温时间 60min 后，平均晶粒尺寸增大到 $77.41\mu m$，增加了 $40.97\mu m$。通过比较可知，加热温度和保温时间对镁合金晶粒尺寸都有较大的影响。

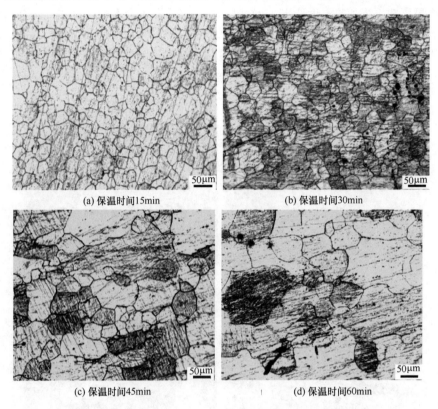

(a) 保温时间15min　　　　　　　　(b) 保温时间30min

(c) 保温时间45min　　　　　　　　(d) 保温时间60min

图 3.4　AZ31 镁合金在 450℃下不同保温时间后的金相组织

　　由于镁合金为密排六方结构，低温轧制时，合金中容易产生较高的应力集中，从而导致孪晶形核和切变断裂；轧制温度过高，晶粒粗化较为严重，使板材热脆倾向增大。因此镁合金轧制温度一般控制在 $225\sim450℃$ 范围内。在加热温度 250℃以上的加热温度下，保温时间和加热温度对镁合金平均晶粒尺寸的影响规律，如图 3.5 所示，根据实验数据来建立等温条

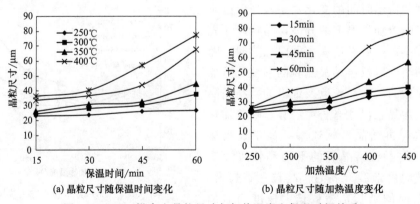

(a) 晶粒尺寸随保温时间变化　　　　　　(b) 晶粒尺寸随加热温度变化

图 3.5　AZ31 镁合金晶粒尺寸与加热温度和保温时间关系

件下的晶粒长大模型。

（2）晶粒尺寸变化模型建立

镁合金晶粒尺寸变化模型采用 Sellars 和 Anelli 分别提出的两个模型[48,49]，即式（3.1）和式（3.2）。

$$d^n = d_0^n + At\exp\left(-\frac{Q}{RT}\right) \tag{3.1}$$

$$d = Bt^m\exp\left(-\frac{Q}{RT}\right) \tag{3.2}$$

式中，d 为最终晶粒尺寸，μm；d_0 为原始晶粒尺寸，μm；T 为加热温度，K；t 为保温时间，s；R 为气体常数，8.314J/(mol·K)；Q 为保温过程中晶粒长大激活能，J/mol；A、B、n、m 为参数，与材料种类有关，由实验数据确定。

根据式（3.1）和式（3.2），可以得到式（3.3）。

$$d^n + d = d_0^n + (At + Bt^m)\exp\left(-\frac{Q}{RT}\right) \tag{3.3}$$

根据实验结果，对于 AZ31 镁合金，n 值大于 1.5，m 值大于 1.0，晶粒尺寸大于 $2\mu m$，保温时间（t）大于 15min。为了便于计算系数 n 和 m 值，对式（3.3）进行简化，构建一个较为合理的用来描述 AZ31 镁合金晶粒尺寸变化模型，用式（3.4）表示。

$$d^n = d_0^n + At^m\exp\left(-\frac{Q}{RT}\right) \tag{3.4}$$

为了确定模型中的参数，根据式（3.4）可以得到式（3.5）。

$$\ln(d^n - d_0^n) = \ln A + m\ln t - \frac{Q}{RT} \tag{3.5}$$

式中，A、Q、n 和 m 四个参数的值不能用线性回归直接确定，但可通过预先设定 n 值（n 可分别取 0.25、0.5、1.0、1.5、2.0、2.5…），通过拟合实验数据来确定参数 Q、m、A。

对于给定的 n 值，当保温时间 t 一定时，由式（3.5）可以得到 Q 值的计算式，见式（3.6）。

$$Q = -R\frac{\partial\left[\ln(d^n - d_0^n)\right]}{\partial(1/T)}\bigg|_t = -Rk \tag{3.6}$$

式中，$k = \partial\left[\ln(d^n - d_0^n)\right]/\partial(1/T)\big|_t$，利用最小二乘法，进行回归计算得到。根据实验数据，可以绘制在不同保温时间条件下，$\ln(d^n - d_0^n)$ 和 $1/T$ 之间的关系曲线，其斜率即为 k 值，从而可以计算出 Q 值。

当加热温度（T）一定时，由式（3.5）对 $\ln t$ 求偏导数，可以得到 m 值的计算式，见式（3.7）。

$$m = -\frac{\partial\left[\ln(d^n - d_0^n)\right]}{\partial(\ln t)}\bigg|_T \tag{3.7}$$

根据实验数据，可以绘制在不同加热温度条件下，$\ln(d^n - d_0^n)$ 和 $\ln t$ 之间的关系曲线，从而可以计算出 m 值。求出 m、Q 值后，根据式（3.4），就可以求出参数 A 值。

每个 n 值所对应的 Q、m、A 值与各自的平均值之间相对误差平方和 $y(n)$ 为目标函数。根据计算结果，可以得到 $y(n)$ 与 n 的曲线关系，见图 3.6。

对于图 3.6 曲线进行拟合分析，可以得到 y (n) 与 n 的数学关系，见式（3.8），$y(n)$ 取最小值为优化目标，可以得到最优 n 值为 1.683。

$$y(n) = 17.67891 - 24.01221n + 11.74168n^2 - 2.11678n^3 + 0.12054n^4 \qquad (3.8)$$

确定 n 值后，对 $1/T$ 和 $\ln t$ 进行线性拟合，如图 3.7 所示。根据式（3.6）和式（3.7）重新计算 Q、m 和 A 的值，得到 $Q = 33112\text{J/mol}$、$m = 1.030$ 和 $A = 3766.978$，线性相关系数为 $97.181\% \sim 99.585\%$，说明回归的模型是有效的和准确的。从而可以得到在等温条件下，AZ31 镁合金晶粒长大模型，见式（3.9）。

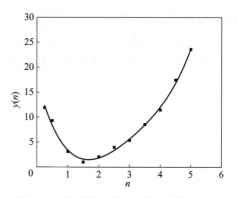

图 3.6　相对误差平方和随 n 值的变化

$$d^{1.683} = d_0^{1.683} + 3766.978 t^{1.03} \exp\left(-\frac{33112}{RT}\right) \qquad (3.9)$$

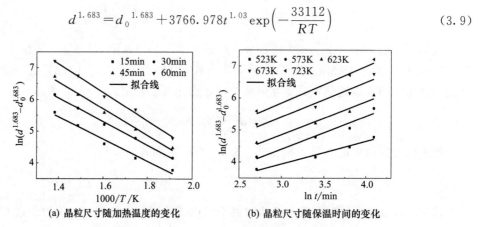

(a) 晶粒尺寸随加热温度的变化　　　(b) 晶粒尺寸随保温时间的变化

图 3.7　AZ31 镁合金晶粒尺寸与加热温度和保温时间的关系

图 3.8（a）为式（3.9）所示的模型计算值与实验数据结果对比分析。通过对数据进行误差分析，85% 数据点相对误差率小于 10%，平均相对误差率为 6.86%，最大相对误差为 19.07%，相对误差率大于 10% 的点均发生在高温阶段，由于高温时晶粒增长速度较快，多方面因素促使晶粒可能非常态生长，因此高温时计算相对误差比中低温时较大。图 3.8（b）为不同加热温度下保温 15min 的模型计算结果与实验结果对比，最大相对误差为 11.05%。图 3.8（c）为加热温度 300℃ 时在不同的保温时间条件下的模型计算结果与实验结果对比，

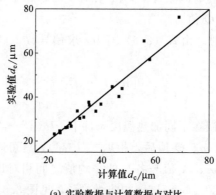

(a) 实验数据与计算数据点对比

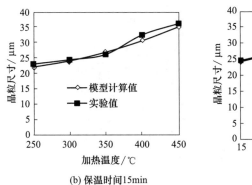

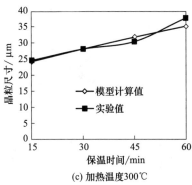

(b) 保温时间15min   (c) 加热温度300℃

图 3.8　晶粒尺寸模型计算结果和实验结果对比

d_c—模型计算值；d_e—实验值

最大相对误差为 10%。综上所述，本书建立的晶粒长大模型可以用来预测 AZ31 镁合金在加热过程中晶粒长大规律。

3.1.2　AZ80 镁合金等温处理晶粒长大模型

（1）AZ80 镁合金等温处理组织性能

实验材料为 AZ80 镁合金轧制板材，试样的原始组织为均匀的等轴晶粒，见图 3.9。

实验参数如下：加热温度分别为 290℃、340℃、390℃、440℃；保温时间分别为 15min、30min、45min、60min。

图 3.10 为不同加热温度下保温时间 30min 后的显微组织。从图中可以看到晶粒长大的过程，晶粒尺寸随加热温度的升高显著长大。在加热温度 290℃时，平均晶粒尺寸增大到 4.52μm，而在加热温度 440℃时，平均粒尺寸增大到 22.29μm。

图 3.9　试样原始组织

图 3.11 为加热温度 290℃而保温时间不同时的显微组织。从图中可以看出，随着保温时间的增加，平均晶粒尺寸长大。保温时间 15min 后平均晶粒尺寸增大到 4.43μm，保温时间 60min 后平均晶粒尺寸增大 5.14μm。通过比较可以看出该合金晶粒尺寸受加热温度影响更为显著。

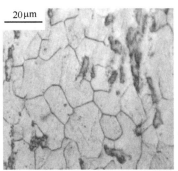

(a) 加热温度290℃   (b) 加热温度340℃

图 3.10

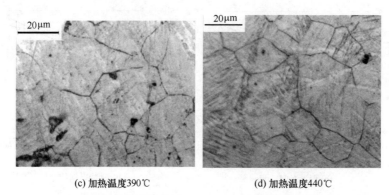

(c) 加热温度390℃   (d) 加热温度440℃

图 3.10   AZ80 镁合金保温 30min 后的显微组织

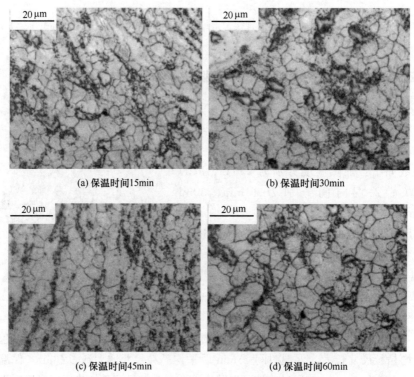

(a) 保温时间15min   (b) 保温时间30min

(c) 保温时间45min   (d) 保温时间60min

图 3.11   AZ80 镁合金不同保温时间后的显微组织

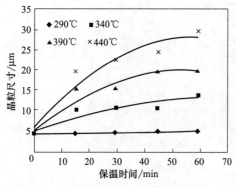

图 3.12   晶粒尺寸与保温时间关系

经不同条件固溶处理后，AZ80 镁合金的平均晶粒尺寸如图 3.12 所示。可以看出，在加热温度 290℃时晶粒尺寸随保温时间的增加变化不明显，在高于 290℃时，晶粒尺寸呈抛物线式增大，随保温时间的增加，长大趋势逐渐平缓。

（2）AZ80 镁合金等温处理晶粒演变模型

AZ80 镁合金等温处理晶粒演变模型采用式（3.2）形式。在考虑初始晶粒尺寸（d_0）时，根据式（3.2）可以构建一种新的晶粒演变模型，见式（3.10）。

$$d = d_0 + At^m \exp\left(-\frac{Q}{RT}\right) \tag{3.10}$$

根据式（3.10）可知，当保温时间 $t = 0$ 时，$d = d_0$，因此将式（3.10）作为晶粒演变模型比式（3.2）更加合理。

为了确定式（3.10）中的热激活能 Q 和系数 A、m 值，将式（3.10）改写为式（3.11）。

$$\ln(d - d_0) = \ln A + m \ln t - \frac{Q}{RT} \tag{3.11}$$

利用图 3.12 的实验数据，可以得到图 3.13 和图 3.14 的曲线。

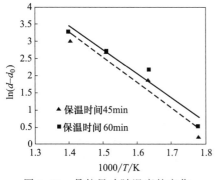

图 3.13　晶粒尺寸随温度的变化

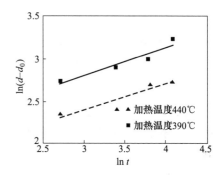

图 3.14　晶粒尺寸随保温时间的变化

根据实验数据及式（3.11），可以确定 m、Q、A 的值，即 $m = 0.599$，$Q = 85900 \text{J/mol}$，$A = 1.3 \times 10^7$。于是，得到等温加热条件下 AZ80 镁合金晶粒演变模型，见式（3.12）。

$$d = d_0 + 1.3 \times 10^7 t^{0.599} \exp\frac{85900}{RT} \tag{3.12}$$

式（3.12）的计算结果与实验结果的比较见图 3.15。通过对计算结果与实验值进行误差分析表明，所建立的晶粒长大模型的计算结果与实验结果的相对误差小于 15.7%。

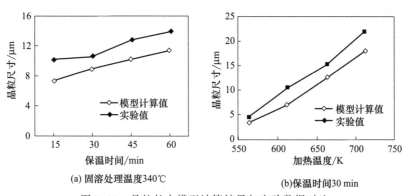

(a) 固溶处理温度340℃　　　　　(b) 保温时间30 min

图 3.15　晶粒长大模型计算结果与实验数据对比

3.2　AZ31 镁合金动态再结晶临界条件

3.2.1　AZ31 镁合金热变形行为

AZ31 镁合金热变形行为表现在高温应变速率和温度敏感指数。忽略应变加工硬化，金属塑性变形的流变应力与应变、变形温度（T）和应变速率（$\dot{\varepsilon}=\mathrm{d}\varepsilon/\mathrm{d}t$）等因素有关，在一定变形温度和应变时，流变应力随应变速率而改变。它们之间的关系 $\sigma=C\dot{\varepsilon}^{m}T$，取对数后可以得到：

$$\ln\sigma=\ln(CT)+m\ln\dot{\varepsilon} \tag{3.13}$$

式中，σ 为流变应力，ε 为应变，$\dot{\varepsilon}$ 为应变速率，C 为常数，m 为应变速率敏感指数。在变形温度不变的条件下，$\ln(CT)$ 是常数，应变速率敏感指数是 $\ln\sigma$-$\ln\dot{\varepsilon}$ 曲线的斜率，即：

$$m=\frac{\partial\ln\sigma}{\partial\ln\dot{\varepsilon}} \tag{3.14}$$

m 可用来衡量在某一应变量时增大应变速率所必须增加的流变应力。

（1）应变速率敏感指数

根据图 2.1 所示的 AZ31 镁合金的真实应力-应变曲线，可以绘制 $\ln\sigma_{\mathrm{p}}$-$\ln\dot{\varepsilon}$ 的曲线，如图 3.16 所示，从图中可以看出 $\ln\sigma_{\mathrm{p}}$-$\ln\dot{\varepsilon}$ 呈线性关系，其斜率即为 AZ31 镁合金的应变速率敏感指数。由图 3.16 中各曲线的斜率（见表 3.1），求平均值得到 $m=0.1074$。

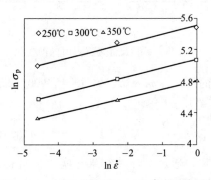

图 3.16　AZ31 镁合金 $\ln\sigma_{\mathrm{p}}$-$\ln\dot{\varepsilon}$ 关系曲线

表 3.1　AZ31 镁合金的应变速率敏感指数

温度	250℃	300℃	350℃	平均值
m 值	0.1091	0.1112	0.1018	0.1074

对于图 3.16，当变形温度一定时，应变速率敏感指数 m 随应变的变化不明显，当应变一定时，应变速率敏感指数 m 随变形温度的变化也不明显。即不同应变时 $\ln\sigma_{\mathrm{p}}$-$\ln\dot{\varepsilon}$ 曲线的斜率相接近，表明 m 值与应变和温度无关，因此应变和变形温度对应变速率敏感指数 m 影响不明显。

（2）温度敏感指数

高温变形时流变应力和变形温度之间满足包含激活能 Q 和变形温度 T 的双曲正弦关系，这就意味着材料的塑性变形过程具有温度敏感性。通常，温度敏感指数 s 用式（3.15）表示。

$$s=\frac{\partial\ln\sigma_{\mathrm{p}}}{\partial(1/T)} \tag{3.15}$$

温度敏感指数 s 是表征材料塑性变形行为对变形温度的敏感性。根据实验数据得到 $\ln\sigma_{\mathrm{p}}$-$1/T$ 的关系曲线，见图 3.17。由图 3.17 可以得到 AZ31 镁合金的温度敏感指数值，见表 3.2。取其平均值可以得到 AZ31 镁合金的温度敏感指数值为 $s=2224$。

表 3.2　AZ31 镁合金的温度敏感指数

应变速率	0.01	0.1	1	平均值
s 值	2078	2405	2190	2224

图 3.18 为 AZ31 镁合金应变速率与峰值应力的关系，可以看出，流变应力与应变速率呈现单调上升的指数关系，说明在热变形过程中，随着应变速率的增加，流变应力单调增加。

研究结果表明，通过等温恒应变速率热模拟试验，得到 AZ31 镁合金的应变速率敏感指

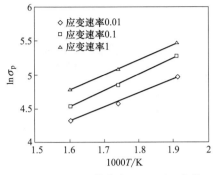

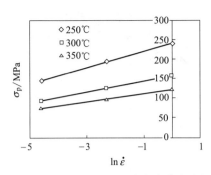

图 3.17　AZ31 镁合金 $\ln\sigma_p$-$1/T$ 曲线　　　　图 3.18　AZ31 镁合金应变速率与峰值应力的关系

数 $m=0.1074$，高温变形时温度敏感指数 $s=2224$。AZ31 镁合金的峰值应力与应变速率成单调上升的指数关系，随着应变速率的增加，峰值应力单调增加。

3.2.2　AZ31 镁合金动态再结晶临界条件

（1）加工硬化率方法

加工硬化率（θ）的定义为材料发生塑性变形时发生加工硬化的程度，数学表达式为 $\theta=d\sigma/d\varepsilon$。图 3.19 所示为材料应力-应变曲线上不同区域所对应的加工硬化率变化规律。从图中可以看出，随着应变（ε）值的增大，加工硬化率（θ）值的变化过程可以分四个区域来分析，在 Ⅰ 区，加工硬化率值大于零，逐渐降低；在 Ⅱ 区，加工硬化率值小于零，逐渐降低；在 Ⅲ 区，加工硬化率值小于零，逐渐增大；在 Ⅳ 区，加工硬化率值趋于稳定在 0 值，在 0 值附近波动，如图 3.20 所示。当应变值（ε）小于稳定应变值（ε_{st}），发生的动态再结晶为连续动态再结晶，而当应变值（ε）大于稳定应变值（ε_{st}）时，加工硬化率（θ）值在 0 值附近上下波动，说明发生的动态再结晶是周期型动态再结晶。显然，在一次热拉伸变形过程中，加工硬化率（θ）值的变化规律是从正值降低至负值，再从负值增大到 0 值时的过程，第一次返回至 0 值时的应变值定义为稳定应变（ε_{st}），它所对应的应力-应变曲线上的应力值即为稳定应力（σ_{st}）。稳定应变（ε_{st}）是指材料完成动态再结晶时的应变值，如图 3.20 所示。

Ryan[50] 在研究奥氏体不锈钢动态软化机制时认为，对于存在应力峰值的曲线，其 θ-σ 曲线呈拐点的特征，这也是由于发生了动态再结晶的原因。Poliak[51] 提出了基于热力学不可逆原理的动力学临界条件，即认为发生动态再结晶临界条件与函数 $f(\sigma)=-d\theta/d\sigma$ 取最小值时所对应的应力有关。应用加工硬化率的方法来确定材料动态再结晶的临界条件具有较高的精度。材料加工硬化率是表征流变应力随应变变化的一个物理量，研究结果表明加工硬化率 θ（$\theta=d\sigma/d\varepsilon$）与流变应力（$\sigma$）的关系曲线（$\theta$-$\sigma$ 曲线）可以很好地揭示材料变形过程中微观组织的演变规律[52]。

以上文献介绍的加工硬化率方法，都是先确定 $f(\sigma)=-d\theta/d\sigma$ 与应力（σ）的函数关系，即自变量为应力（σ），然后再求该函数取最小值时所对应的应力值，即为临界应力（σ_c），然后再根据应力-应变曲线就可以确定临界应变（ε_c）。在确定函数 $f(\sigma)=-d\theta/d\sigma$ 与应力（σ）的关系时，计算过程比较复杂。

作者提出的一种新的材料加工硬化率方法，即以应变（ε）为自变量的函数 $g(\varepsilon)=-d\theta/d\varepsilon$ 取最小值时所对应的应变值即为临界应变（ε_c），与临界应变（ε_c）对应的就是临界应

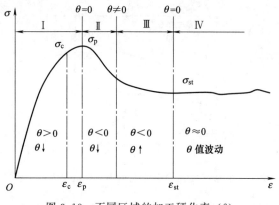

图 3.19 不同区域的加工硬化率（θ）

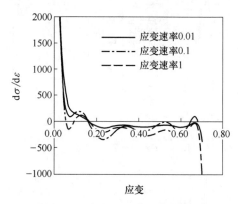

图 3.20 应变硬化率的变化曲线

力（σ_c），简化了计算过程。采用加工硬化率的方法确定 AZ31 镁合金的动态再结晶临界条件时，计算步骤如下：

① 在 $0<\varepsilon<\varepsilon_p$ 范围内，对材料真实应力-应变曲线进行数学拟合，得到真实应力（σ）与应变（ε）的数学表达式 $\sigma=f(\varepsilon)$；

② 确定加工硬化率的表达式，即 $\theta=\mathrm{d}\sigma/\mathrm{d}\varepsilon=f'(\varepsilon)$；

③ 确定 $-\mathrm{d}\theta/\mathrm{d}\varepsilon=f''(\varepsilon)$ 的表达式，当 $g(\varepsilon)=-\mathrm{d}\theta/\mathrm{d}\varepsilon=f''(\varepsilon)$ 取最小值时的应变值即为临界应变（ε_c）；

④ 再根据真实应力-应变曲线确定对应于临界应变（ε_c）的临界应力（σ_c）；

⑤ 重复以上步骤，即可确定不同条件（变形温度、应变速率）下的临界条件。

（2）动态结晶临界条件的确定

以 AZ31 镁合金在变形温度为 250℃、应变速率为 $1\mathrm{s}^{-1}$ 时的真实应力-应变曲线为例，如图 3.21（a）所示，以此来说明求解动态再结晶临界条件的计算过程。图 3.21（b）为对应的加工硬化率与应变的关系曲线。由图 3.21（a）可以得到峰值应变（ε_p）为 0.135，因为临界应变（ε_c）小于峰值应变（ε_p），即 $0<\varepsilon_c<\varepsilon_p$，因此在应用加工硬化率方法时，只分析 $0<\varepsilon<\varepsilon_p$ 范围内的真实应力-应变曲线，见图 3.21（c）。

对图 3.21（c）的应力-应变曲线进行非线性拟合，得到拟合方程，见式（3.16）。

$$\sigma=-3161396.5\varepsilon^4+1140365\varepsilon^3-145957\varepsilon^2+7929\varepsilon+72.99 \tag{3.16}$$

对式（3.16）求导数，得到加工硬化率的表达式：

$$\theta=\frac{\mathrm{d}\sigma}{\mathrm{d}\varepsilon}=-12645586\varepsilon^3+3421095\varepsilon^2-291914\varepsilon+7929 \tag{3.17}$$

对式（3.17）继续求导数，得到式（3.18）。

$$f(\varepsilon)=-\frac{\mathrm{d}\theta}{\mathrm{d}\varepsilon}=37936758\varepsilon^2-68421913\varepsilon+291914 \tag{3.18}$$

当式（3.18）取最小值时，即图 3.21（d）曲线的最低点所对应的应变为即为临界应变（ε_c），其值为 $\varepsilon_c=0.0902$。再根据图 3.21（a）的曲线，可以确定临界应变（ε_c）所对应的临界应力为 $\sigma_c=233\mathrm{MPa}$。在图 3.21（a）的真实应力-应变曲线上可以直接读出峰值应力（$\sigma_p=239\mathrm{MPa}$）所对应的峰值应变（ε_p），即为 $\varepsilon_p=0.135$，则 $\varepsilon_c/\varepsilon_p=0.668$，显然满足 Sellars 模型参数范围，$\varepsilon_c=(0.6-0.85)\varepsilon_p$。

采用上述计算过程，根据图 2.1 所示的 AZ31 镁合金材料的真实应力-应变曲线，可以

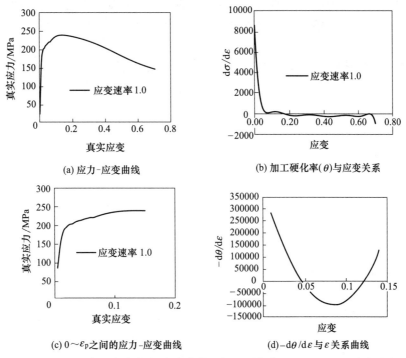

图 3.21　AZ31 镁合金真实应力-应变曲线和加工硬化率（$T=250℃$，应变速率 1）

得到 AZ31 镁合金在不同条件下的动态再结晶时的临界应变和临界应力，见图 3.22。从图 3.22（a）、（b）可知，AZ31 镁合金的临界应变和临界应力随着变形温度的升高而降低，说明温度升高有利于发生动态再结晶。从图 3.22（c）、（d）可以看出，应变速率对临界应变

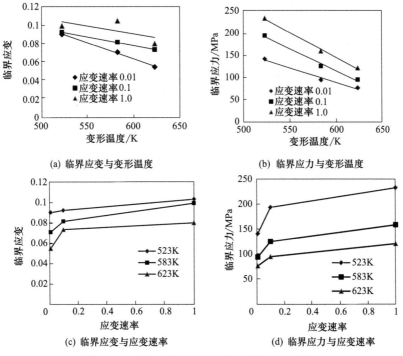

图 3.22　AZ31 镁合金动态再结晶的临界条件

和临界应力都产生无益的影响，即随着应变速率的升高，临界条件也升高，这主要是因为当变形速率较高时没有充分的时间形成再结晶的晶核，从而使再结晶发生得比较慢，所以临界应变滞后。

AZ31 镁合金变形激活能 $Q=252218\mathrm{J/mol}$（见本书 2.1 节中）。根据图 2.1 所示的实验结果和图 3.22 的计算结果，绘制 $\ln\varepsilon_c$-$\ln Z$、$\ln\varepsilon_p$-$\ln Z$ 和 $\ln\sigma_c$-$\ln Z$ 曲线，如图 3.23 所示。对图 3.23 的曲线进行数学回归分析，得到 AZ31 镁合金动态再结晶临界条件与 Zener-Hollomon 函数之间的关系，见式（3.19）。

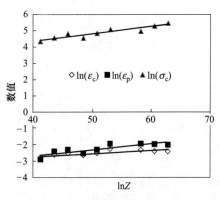

图 3.23 临界应变与临界应力以及参数 Z 的关系曲线

$$\left.\begin{aligned}\varepsilon_c &= 0.6719Z^{0.0358}\\ \varepsilon_p &= 0.5838Z^{0.0647}\\ \sigma_c &= 0.0421Z^{0.0755}\end{aligned}\right\} \quad (3.19)$$

（3）动态再结晶稳态应变

稳定应变（ε_{st}）是指材料完成动态再结晶时的应变值。图 3.24 为 AZ31 镁合金在不同条件下的加工硬化率（θ）与应变关系曲线，图中可以确定不同条件下的稳定应变值，从而可以绘制 $\ln\varepsilon_{st}$-$\ln Z$ 曲线，如图 3.25 所示。

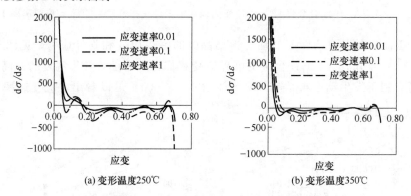

(a) 变形温度250℃　　　　　(b) 变形温度350℃

图 3.24 加工硬化率与应变关系曲线

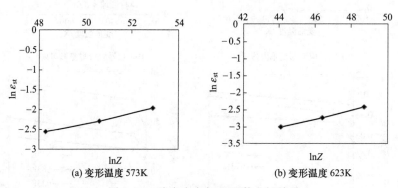

(a) 变形温度 573K　　　　　(b) 变形温度 623K

图 3.25 稳态应变与 Z 函数之间关系

根据 Kopp 模型[53] 可以得到：

$$\varepsilon_{st}=k_3Z^{n_2} \quad (3.20)$$

式中，Z 为 Zener-Hollomon 参数，$Z=\dot{\varepsilon}\exp[Q/(RT)]$；$\varepsilon_{st}$ 为稳定应变；k_3，n_2 为参数，由实验数据确定。

对式（3.20）求导数，得到式（3.21）。

$$\ln\varepsilon_{st}=\ln k_3+n_2\ln Z \tag{3.21}$$

根据图 3.25 的数据，以及式（3.21），可以得到式（3.20）中的系数，即 $n_2=0.1291$，$k_3=0.4608$。因此，稳定应变与 Z 函数之间的关系式，见式（3.22）。

$$\varepsilon_{st}=0.4608Z^{0.1291} \tag{3.22}$$

根据以上研究结果可以得到以下结论。

① 材料在发生动态再结晶时，其加工硬化率（$\theta=d\sigma/d\varepsilon$）与应变的关系曲线呈现拐点，并且当 $-d\theta/d\sigma$-ε 曲线取最小值时所对应的应变值即为材料发生动态在结晶的临界应变值，即临界应变（ε_c）。

② 采用加工硬化率方法，确定了不同变形条件下的临界应变和临界应力，随着变形温度的提高，临界应变和临界应力值降低，随着应变速率的增大，临界应变和临界应力值增大。

③ 确定了 AZ31 镁合金热变形过程中动态再结晶的临界条件和峰值条件与 Z 参数的关系模型。

④ 确定了 AZ31 镁合金热变形过程中，动态再结晶完成时的稳态应变与 Z 参数的关系模型。

3.3　AZ80 镁合金动态再结晶临界条件

3.3.1　AZ80 镁合金热变形行为

AZ80 镁合金在高温变形过程中主要以动态再结晶软化机制为主，随着变形过程的进行，位错聚集，位错间交互作用增强，成为位错运动的阻力，表现出加工硬化现象，流动应力不断增加；当位错应力引起的畸变能积累到一定程度后，变形储能成为再结晶的驱动力，发生动态再结晶软化，在曲线上表现在达到峰值应力后流动应力逐步下降；如果金属内部所积累的畸变能不能达到动态再结晶所需的临界能量时，将发生动态回复，当高温动态软化与加工硬化相平衡时，表现出稳定的流动应力。峰值流变应力随着温度的升高而降低，随着应变速率的增大而增加，温度越高，越易于达到峰值应力。温度是对流变应力影响最明显的参数，温度升高或降低直接引起应力升高或降低，在实际的高温变形过程中，绝大多数变形功转化成热能，直接影响其材料的塑性变形和相变、析出、动态回复及动态再结晶。当应变速率增加时，变形时间缩短，动态再结晶提供的软化过程缩短，硬化过程相对加剧，镁合金的临界切应力增大，稳态流变应力也增大。

应变速率对微观组织的影响比较明显。图 3.26 为变形温度为 310℃时不同应变速率下 AZ80 镁合金的微观组织，可以看出同一变形温度下，应变速率越高，动态再结晶发生的越充分，再结晶晶粒尺寸越小。这是因为，一方面，再结晶形核是缺陷密度控制的过程，只有位错密度达到临界时才能够启动动态再结晶，快速变形有利于位错积累，加速动态再结晶启动；另一方面，变形速率降低，为晶界迁移提供了充分的时间，使得再结晶晶粒长大时间延长。因此，快速变形有利于晶粒细化。但是如果应变速率过高，会导致部分原始李晶来不及积累位错，变形即已结束，导致高温、高应变速率共同作用，产生孪晶、粗晶、混晶的混杂组织。图 3.27 为应变速率和晶粒尺寸的关系曲线，从曲线上可以看出晶粒尺寸随着应变速率的增加而减小。

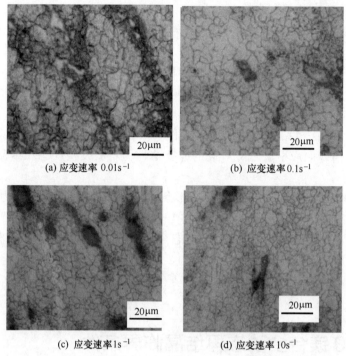

(a) 应变速率 $0.01s^{-1}$　　　　　　　(b) 应变速率 $0.1s^{-1}$

(c) 应变速率 $1s^{-1}$　　　　　　　(d) 应变速率 $10s^{-1}$

图 3.26　AZ80 镁合金的微观组织（变形温度为 310℃）

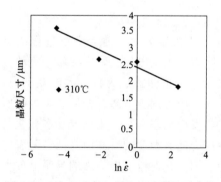

图 3.27　应变速率和晶粒尺寸的关系曲线

变形温度对微观组织的影响显著。图 3.28 为应变速率为 $0.01s^{-1}$，不同变形温度下的微观组织，结果表明，在不同温度下均发生了动态再结晶，并且随着变形温度升高，再结晶程度提高，已发生动态再结晶的再结晶晶粒开始长大，当变形温度达到 410℃ 时，晶粒尺寸明显长大，达到 $10\mu m$ 以上。

这是因为，一方面，变形温度的提高有利于动态再结晶发生；另一方面，试样在高温下变形时都已达到完全再结晶，晶内畸变被基本消除，位错密度显著降低。二次再结晶形核速率已经明显变小，而晶粒长大速率受热扩散过程的控制，长大速率变化不大，从而表现为晶粒的粗化。

图 3.29 为变形温度和晶粒尺寸的关系曲线，从曲线上可以看出晶粒尺寸随着变形温度的增加而增大。

3.3.2　AZ80 镁合金动态再结晶临界条件

（1）动态再结晶临界条件的确定

采用加工硬化率方法确定 AZ80 镁合金动态再结晶临界条件。以 AZ80 镁合金在变形温度为 260℃、应变速率为 $1s^{-1}$ 时的真实应力-应变曲线为例，如图 3.30（a）所示，以此来说明求解动态再结晶的临界条件的计算过程。图 3.30（b）为对应的加工硬化率与应变的关系曲线。

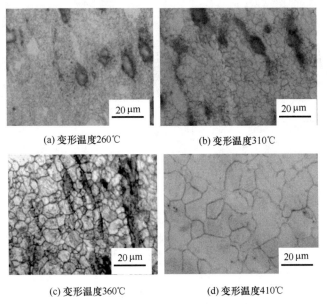

(a) 变形温度260℃   (b) 变形温度310℃

(c) 变形温度360℃   (d) 变形温度410℃

图 3.28　AZ80 镁合金的微观组织（应变速率 $0.01s^{-1}$）

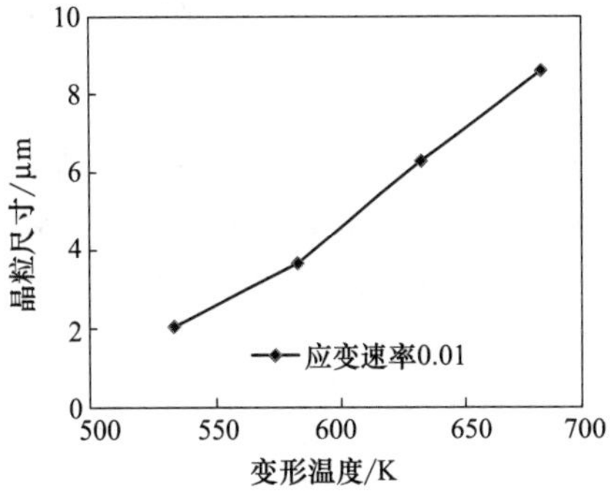

由图 3.30（a）可以得到峰值应变（ε_p）为 0.139，因为临界应变（ε_c）小于峰值应变（ε_p），即 $0 < \varepsilon_c < \varepsilon_p$，因此在应用加工硬化率方法时，只分析 $0 < \varepsilon < \varepsilon_p$ 范围内的真实应力-应变曲线，见图 3.30（c）。

对图 3.30（c）的真实应力-应变曲线进行非线性拟合，得到拟合方程，见式（3.23）。

$$\sigma = -3110352\varepsilon^4 + 1191191\varepsilon^3 -$$
$$168596\varepsilon^2 + 10898\varepsilon - 75.36 \quad (3.23)$$

图 3.29　变形温度和晶粒尺寸的关系曲线

对式（3.23）求导数，得到：

$$\theta = \frac{d\sigma}{d\varepsilon} = -12441408\varepsilon^3 + 3573573\varepsilon^2 - 337192\varepsilon + 10898 \quad (3.24)$$

对式（3.24）求导数，得到式（3.25）。

$$g(\varepsilon) = -\frac{d\theta}{d\varepsilon} = 37324224\varepsilon^2 - 7147144\varepsilon + 337193 \quad (3.25)$$

根据式（3.25）绘制 $-d\theta/d\varepsilon$ 与 ε 的关系曲线，如图 3.30（d）所示。

当式（3.25）取最小值时，即图 3.30（d）曲线的最低点所对应的应变即为临界应变（ε_c），其值为 $\varepsilon_c = 0.097$。再根据图 3.30（a）的曲线，可以确定临界应变（ε_c）所对应的临界应力为 $\sigma_c = 213$MPa。在图 3.30（a）的真实应力-应变曲线上可以直接读出峰值应力（σ_p）所对应的峰值应变，即为 $\varepsilon_p = 0.1392$，则 $\varepsilon_c/\varepsilon_p = 0.697$，显然满足 Sellars 模型 $\varepsilon_c = (0.6 - 0.85)\varepsilon_p$。

采用以上计算方法，根据图 2.4 所示的 AZ80 镁合金真实应力-应变曲线，可以得到 AZ80 镁合金在不同条件下的动态再结晶时的临界应力和临界应变，见图 3.31。从图 3.31（a）、（b）可知，AZ80 镁合金的临界应变和临界应力随着变形温度的升高而降低，说明变

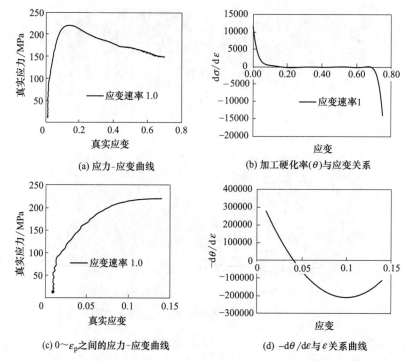

图 3.30　AZ80 镁合金真实应力-应变曲线和加工硬化率（$T=260℃$，应变速率为 1.0）

形温度升高有利于发生动态再结晶。从图 3.31（c）、（d）可以看出，应变速率对临界应变和临界应力都产生无益的影响，即随着应变速率的升高，临界条件也升高，这主要是因为当变形速率较高时没有充分的时间形成再结晶的晶核，从而使再结晶发生得比较慢，所以临界应变滞后。

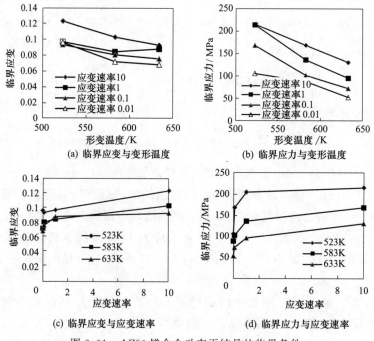

图 3.31　AZ80 镁合金动态再结晶的临界条件

根据实验结果，可以计算出动态再结晶临界条件、峰值条件及参数 Z 的计算结果，并绘制 $\ln\varepsilon_c\text{-}\ln Z$、$\ln\varepsilon_p\text{-}\ln Z$ 和 $\ln\sigma_c\text{-}\ln Z$ 曲线，如图 3.32 所示。根据图 3.32 的曲线，得到 AZ80 镁合金临界条件与 Zener-Hollomon 函数之间的关系模型，见式（3.26）。

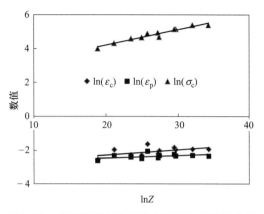

$$\left.\begin{array}{l}\varepsilon_c = 1.114Z^{0.0176} \\ \varepsilon_p = 0.9013Z^{0.0253} \\ \sigma_c = 0.938Z^{0.0858}\end{array}\right\} \quad (3.26)$$

（2）动态再结晶稳态应变

稳定应变（ε_{st}）是指材料完成动态再结晶时的应变值。图 3.33 为 AZ80 镁合金在不同条件下的加工硬化率（θ）与应变关系曲线。依据图 3.33 中的数据绘制 $\ln\varepsilon_{st}\text{-}\ln Z$ 曲线，如图 3.34 所示。

图 3.32 临界应变与临界应力与函数 Z 关系曲线

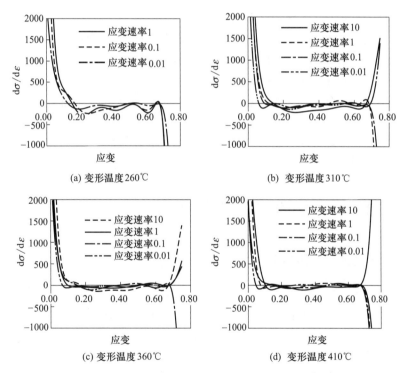

(a) 变形温度 260℃

(b) 变形温度 310℃

(c) 变形温度 360℃

(d) 变形温度 410℃

图 3.33 AZ80 加工硬化率（θ）与应变关系曲线

根据 Kopp 模型[53] 可以得到：

$$\varepsilon_{st} = k_3 Z^{n_2} \tag{3.27}$$

式中，Z 为 Zener-Hollomon 参数，$Z = \dot{\varepsilon}\exp[Q/(RT)]$；$\varepsilon_{st}$ 为稳定应变；k_3，n_2 为参数，由实验数据确定。

对式（3.27）求导数，得到式（3.28）。

$$\ln\varepsilon_{st} = \ln k_3 + n_2\ln Z \tag{3.28}$$

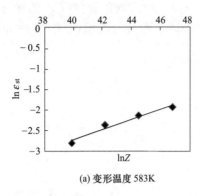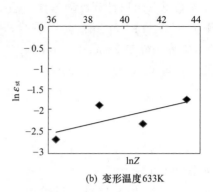

(a) 变形温度 583K　　　　　　　　　(b) 变形温度 633K

图 3.34　稳态应变与 Z 函数之间关系

　　根据图 3.34 的数据，以及式（3.28），可以得到 $n_2 = 0.1135$，$k_3 = 0.515$。代入式（3.27）中，则得到动态再结晶完成时的稳态应变模型：

$$\varepsilon_{st} = 0.515 Z^{0.1135} \tag{3.29}$$

　　根据以上研究结果，可以得到以下结论。

　　① 采用加工硬化率方法，根据 AZ80 镁合金的真实应力-应变曲线确定了不同变形条件下的临界应变和临界应力，随着变形温度的提高，临界应变和临界应力值降低，随着应变速率的增大，临界应变和临界应力值增大。

　　② 确定了 AZ80 镁合金热变形过程中动态再结晶的临界条件和峰值条件与 Z 参数的关系模型。

　　③ 确定了 AZ80 镁合金热变形过程中，动态再结晶完成时的稳态应变与 Z 参数的关系模型。

3.4　镁合金动态再结晶动力学模型

3.4.1　AZ80 镁合金动态再结晶

　　动态再结晶动力学模型定义为动态再结晶体积分数与变形工艺参数之间的关系，或者动态再结晶体积分数与 Z 函数之间的关系。动态再结晶运动学模型定义为动态再结晶晶粒尺寸与工艺参数之间的关系，或者与 Z 函数之间的关系。

　　根据 AZ80 镁合金真实应力-应变曲线，可以确定动态再结晶体积分数（X）与变形工艺参数或 Z 函数之间的关系曲线。经过数据分析，发现动态再结晶体积分数随着变形温度的提高、应变速率的减小、$\ln(Z)$ 值的减小而增大。R. Kopp 提出了关于动态再结晶体积分数的计算模型，见式（3.30）和式（3.31），其运动学方程见式（3.32）。

$$X = 1 - \exp\left[-k_4 \left(\frac{\varepsilon - \varepsilon_c}{\varepsilon_s - \varepsilon_c}\right)^{n_3}\right] \tag{3.30}$$

$$\varepsilon_p = k_1 Z^{n_1} \tag{3.31a}$$

$$\varepsilon_c = k_2 \varepsilon_p \tag{3.31b}$$

$$\varepsilon_{st} = k_3 Z^{n_2} \tag{3.31c}$$

$$d = k_5 Z^{n_4} \tag{3.32}$$

$$\overline{d} = (1-X)d_0 + Xd \tag{3.32a}$$

式中，X 为动态再结晶体积分数（%）；ε 为应变；ε_p 为与峰值应力（σ_p）对应的应变；ε_c 为动态再结晶发生的临界应变；ε_{st} 为发生完全动态再结晶时的应变，也称稳态应变；d_0 为初始晶粒尺寸，μm；d 为动态再结晶晶粒尺寸，μm；$\overline{d}$ 为平均晶粒尺寸，μm；$k_1 \sim k_5$，$n_1 \sim n_4$ 为系数；Z 为 Z 函数，即 $Z = \dot{\overline{\varepsilon}} \exp[Q/(RT)]$；$Q$ 为热激活能，J/mol；R 为常数，$8.314 J/mol \cdot K^{-1}$；T 为变形温度，K；$\dot{\overline{\varepsilon}}$ 为等效应变速率。

根据图 2.4 所示的 AZ80 镁合金真实应力-应变曲线，可以确定峰值应变（ε_p）和峰值应力（σ_p）和稳定应变（ε_{st}）。式（3.31）中的系数 k_2 可以根据经验公式确定，即 $\varepsilon_c = (0.65 \sim 0.85)\varepsilon_p$，取 $k_2 = 0.75$，即 $\varepsilon_c = 0.75\varepsilon_p$。

根据式（3.31a），可以得到式（3.33）。根据峰值应变 ε_p 和临界应变 ε_c，以及式（3.31），可以根据式（3.33）确定 n_1 值和 k_1 值。结果是 $n_1 = 0.083$，$k_1 = 2.235 \times 10^{-3}$。

$$n_1 = \frac{\partial \ln \varepsilon_p}{\partial \ln Z} \tag{3.33a}$$

$$k_1 = \frac{\varepsilon_p}{Z^{n_1}} \tag{3.33b}$$

根据式（3.31c），可以得到式（3.34）。根据稳定应变 ε_{st} 式（3.34），可以确定 n_2 值和 k_3 值，结果为 $n_2 = 0.118$，$k_3 = 0.0027$。

$$n_2 = \frac{\partial \ln \varepsilon_{st}}{\partial \ln Z} \tag{3.34a}$$

$$k_3 = \frac{\varepsilon_p}{Z^{n_2}} \tag{3.34b}$$

根据图 2.4 所示的真实应力-应变曲线，采用式（3.35）可以确定动态再结晶体积分数（X）。

$$X = \frac{\sigma_c - \sigma}{\sigma_c - \sigma_{st}} \qquad (\varepsilon_c < \varepsilon < \varepsilon_{st}) \tag{3.35}$$

式中，σ_c 为动态再结晶临界应力，MPa；σ_{st} 为动态再结晶发生的稳定应力，MPa；ε_{st} 为稳定应变。

根据图 2.4 所示的真实应力-应变曲线，可以确定式（3.30）中的系数 n_3 和 k_4 值，结果是 $n_3 = 2.231$，$k_4 = 1.803$。AZ80 镁合金动态再结晶动力学模型见式（3.36）。

$$X = 1 - \exp\left[-1.803\left(\frac{\varepsilon - \varepsilon_c}{\varepsilon_{st} - \varepsilon_c}\right)^{2.231}\right] \tag{3.36}$$

根据式（3.32），可以得到式（3.37）。根据图 3.27 和图 3.29 的 AZ80 镁合金动态再结晶晶粒尺寸实验数据，采用式（3.37）可以得到 n_4 值和 k_5 值，结果是 $n_4 = -0.113$，$k_5 = 402.9$。

$$n_4 = \frac{\partial \ln d}{\partial \ln Z} \tag{3.37a}$$

$$k_5 = \frac{d}{Z^{n_4}} \tag{3.37b}$$

根据式（3.32a），可以确定平均晶粒尺寸（$\bar{d}$）。在初始晶粒尺寸 $60\mu m$、应变速率 $0.001\sim10s^{-1}$、变形温度 $533\sim683K$ 条件下，可以确定 AZ80 镁合金微观组织演变运动学模型，见式（3.38）。

$$d=402.9Z^{-0.113} \tag{3.38a}$$

$$\bar{d}=d_0(1-X)+Xd \tag{3.38b}$$

峰值应变（ε_p），临界应变 ε_c，稳定应变 ε_{st} 与 Z 函数之间关系，见式（3.39）。

$$\varepsilon_p=1.683\times10^{-3}Z^{0.083} \tag{3.39a}$$

$$\varepsilon_c=0.75\varepsilon_p \tag{3.39b}$$

$$\varepsilon_{st}=0.0027Z^{0.118} \tag{3.39c}$$

$$Z=\dot{\varepsilon}\exp\left(\frac{140671}{RT}\right)$$

图 3.35 为动态再结晶平均晶粒尺寸计算值与实测值比较，相对误差小于 12.3%。说明本书建立的微观组织演变模型可以较好地描述 AZ80 镁合金在变形温度为 $260\sim410℃$，应变速率为 $0.001\sim10s^{-1}$ 时的显微组织演变规律。

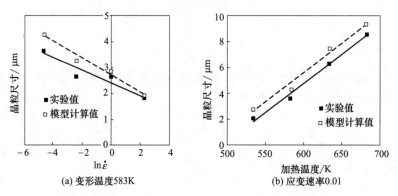

(a) 变形温度583K

(b) 应变速率0.01

图 3.35　动态再结晶平均晶粒尺寸计算值与实验值比较

3.4.2　ZK60 镁合金动态再结晶

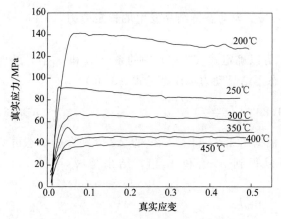

图 3.36　ZK60 镁合金流动应力-应变曲线

材料的组织性能是变形工艺参数的函数，因此预测组织并根据最终组织来优化变形工艺参数具有重大意义。对于确定的材料，微观组织演变过程主要取决于温度、变形量和速度。图 3.36 为 ZK60 镁合金的流动应力-应变曲线。

（1）ZK60 镁合金动态再结晶

对于动态再结晶的晶粒尺寸，一般采用 Yada 模型[54]：

$$d_{dyn}=AZ^{-B} \tag{3.40}$$

式中，d_{dyn} 为动态再结晶晶粒尺寸；$Z=\dot{\varepsilon}\exp[Q/(RT)]$，Zener-Hollomon 参数；$A$、$B$ 为常数；Q 为热激活能，J/mol；T 为绝对温度，K；R 为气体常数，$R=8.31$

J/(mol·K)。

本书采用根据实验数据修正的 Yada 模型确定 ZK60 镁合金进行管材热挤压过程中的晶粒演变模型。

(2) Yada 模型系数的确定

镁合金在热塑性加工过程中发生多种物理和化学变化。其中一个非常重要的过程就是动态再结晶。动态再结晶是引起镁合金热加工过程中晶粒尺寸变化的主要原因，因此，建立于再结晶型金属的 Yada 模型适用于 ZK60 镁合金，对式（3.40）的模型进行修正，改进它的 Yada 模型如下：

$$\begin{cases} d_{\text{dyn}} = d_0 & (\bar{\varepsilon} < \varepsilon_c) \\ \\ d_{\text{dyn}} = C_1 \dot{\varepsilon}^{-C_2} \exp\left(\dfrac{-C_3 Q}{RT}\right) & (\bar{\varepsilon} \geqslant \varepsilon_c) \\ \\ \varepsilon_c = C_4 \exp\left(\dfrac{C_5}{T}\right) \end{cases} \tag{3.41}$$

式中，d_{dyn} 为动态再结晶晶粒尺寸，μm；d_0 为原始晶粒尺寸，μm；$\bar{\varepsilon}$ 为等效应变；ε_c 为发生动态再结晶的临界应变；$\dot{\varepsilon}$ 为应变速率；Q 为热激活能，J/mol；T 为绝对温度，K；R 为气体常数，$R = 8.31\text{J/(mol·K)}$。

该模型中 $\varepsilon_c = 0.8\varepsilon_p$，$\varepsilon_p$ 是峰值应力相对应的应变值。式中待定的系数如下：C_1、C_2、C_3、C_4 和 C_5。

本书将采用解方程的方法来确定待定系数，根据压缩变形实验数据建立方程组，解出 Yada 模型中的待定系数。

ZK60 镁合金压缩变形后的微观组织如图 3.37 所示，得到的相应数据如下（初始晶粒尺寸为 $d_0 = 20.5\mu m$）：

① 变形温度为 $T = 573\text{K}$ 时，$\varepsilon_p = 0.15$，$\dot{\bar{\varepsilon}} = 0.01$，$d_{\text{dyn}} = 6.41\mu m$ ［图 3.37（b）］。

② 变形温度为 $T = 623\text{K}$ 时，$\varepsilon_p = 0.10$，$\dot{\bar{\varepsilon}} = 0.01$，$d_{\text{dyn}} = 8.78\mu m$ ［图 3.37（c）］。

③ 变形温度为 $T = 643\text{K}$ 时，$\varepsilon_p = 0.08$，$\dot{\bar{\varepsilon}} = 0.01$，$d_{\text{dyn}} = 8.89\mu m$ ［图 3.37（d）］。

④ 变形温度为 $T = 643\text{K}$ 时，$\varepsilon_p = 0.06$，$\dot{\bar{\varepsilon}} = 0.005$，$d_{\text{dyn}} = 12.56\mu m$ ［图 3.37（e）］。

根据图 3.37 所示的实验数据，通过计算软件对方程（3.41）中的系数进行计算，可以得到系数 C_1、C_2、C_3、C_4 和 C_5 的值分别为 10170，0.11，0.24，017.8×10^{-5} 和 3504。因此适用于 ZK60 镁合金热变形微观组织演变的 Yada 模型可用式（3.42）表示。

$$\begin{cases} d_{\text{dyn}} = d_0 & (\bar{\varepsilon} < \varepsilon_c) \\ \\ d_{\text{dyn}} = 10170\dot{\varepsilon}^{-0.11} \exp\left(\dfrac{-0.24Q}{RT}\right) & (\bar{\varepsilon} \geqslant \varepsilon_c) \\ \\ \varepsilon_c = 0.000178 \exp\left(\dfrac{3504}{T}\right) \end{cases} \tag{3.42}$$

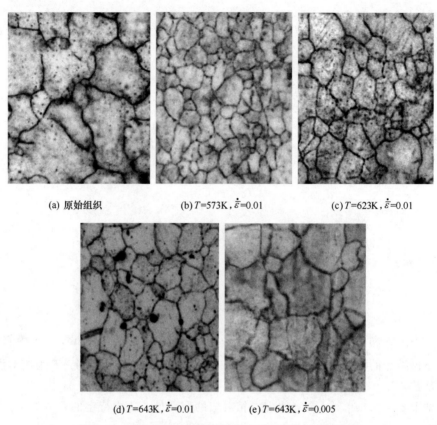

(a) 原始组织　　　　　(b) T=573K, $\dot{\bar{\varepsilon}}$=0.01　　　　　(c) T=623K, $\dot{\bar{\varepsilon}}$=0.01

(d) T=643K, $\dot{\bar{\varepsilon}}$=0.01　　　　　(e) T=643K, $\dot{\bar{\varepsilon}}$=0.005

图 3.37　原始组织和压缩后试样在不同条件的微观组织

4.1 AZ31 镁合金 EBSD 试样制备新方法

自 20 世纪 90 年代以来，电子背散射衍射（EBSD）技术用于测量材料晶体学取向、研究微观织构、界面的晶体学特征及其分布、位错在变形微织构中的分布状态，并逐步发展完善起来。其主要特点是在保留扫描电子显微镜常规特点的同时进行空间分辨率亚微米级的衍射（给出结晶学的数据）。按照搜集到样品中的晶体学取向进行分类，以某一取向为参照，其他的取向分别与之比较，将具有某一相同取向差的区域以随机的颜色或灰度重构出多晶体的取向图。

由于电子背散射衍射（EBSD）只发生在试样表面极浅表层（几十个纳米的深度范围），所以 EBSD 试样的制备比一般金相试样的要求更高。EBSD 试样要求表面无应力层，无连续的腐蚀坑，无氧化层，起伏不能过大并且光亮清洁。

（1）EBSD 试样制备的传统方法

目前 EBSD 试样制备过程主要是通过切样—预磨—电解三步骤完成。但电解抛光过程中电解液的选择通常有两种方法。方法一为自行配置的酒精高氯酸溶液或甲醇硝酸溶液，制得样品质量很低，菊池带不清晰，标定率一般为 60％ 左右。图 4.1 所示为采用方法一制得的样品在进行 EBSD 分析时的菊池带图和晶粒取向图，初始分辨率大约为 63％。方法二为采用国外某公司生产的 AZ31 镁合金专用电解液 AC2，制备的样品标定率约为 85％，但其价格昂贵。图 4.2 所示为方法二制得的样品在进行 EBSD 分析时的菊池带图和晶粒取向图。

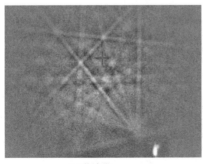

50μm

(a) 菊池带　　　　　　　　　　　　　(b) 晶粒取向

图 4.1　方法一制得的 EBSD 试样

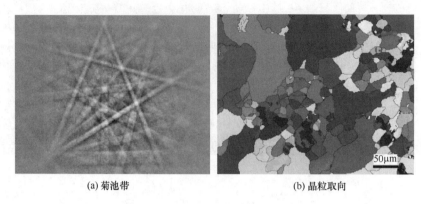

(a) 菊池带　　　　　　　　　　　(b) 晶粒取向

图 4.2　方法二制得的 EBSD 试样

（2）EBSD 试样制备的新方法

AZ31 镁合金轧制退火态（400℃退火保温 3h，随炉冷却 30min 后空冷）的板材，通过试样线切割→磨削→抛光→电解后，经 JSM-7001F 型场发射扫描电镜的 EBSD 系统对样品进行表征分析。

① 试样的切割　实验过程中，试样的切割主要是通过砂轮或线切割机，对于表面粗糙度要求不高的样品可以采用普通的砂轮切割，但对于表面质量要求高，尺寸精度精确的样品采用线切割比较好，因为线切割采用电火花加工产生创面小，无大的冲击力；同时也可以防止砂轮切割在摩擦过程中产生太大热量引起大面积的变形层和氧化层，影响对材料真实组织的观察。由于镁合金比钢或其他高温合金软，故在线切割的过程中，速度不能太大。

EBSD 试样的厚度不能过大，否则放不进夹持样品的小槽内，影响试样的偏转。以 JSM-7001F 扫描电镜为例，典型试样的尺寸为 10mm×4mm×4mm。但由于板材在轧制的过程中可能出现不平整的地方，为了后续实验数据的可靠性，取平整的地方截取 5mm×4mm×4mm 的小长方体若干个。

② 试样的预磨　预磨 EBSD 试样时必须使用大号砂纸（3000♯）精磨。因为镁合金质地软，砂纸太粗容易造成深的划痕。但本实验试样太小，在磨样机上磨削不易抓稳且不能镶嵌，故选择直接将砂纸放在玻璃板上磨削，首先向一个方向磨削，然后转 90°再磨，以消除上一次留下的痕迹。如此往复三次即可。但要注意，越往后的磨削过程中手的用力要越轻，以免砂纸钝化后会形成拖尾或局部过热现象，从而损伤试样表面。图 4.3 为试样表面损伤区域示意图，该损伤肉眼无法识别，但会造成 EBSD 图像的扭曲，甚至完全抑制 EBSD 图像的形成。

③ 试样的机械抛光　实验常用的抛光剂多为 Al_2O_3、SiC、Fe_2O_3、Cr_2O_3 金刚砂、金刚石悬浮液或研磨膏等，其颗粒度为 0.5～5μm，本实验选用的是金刚石悬浮液。镁合金比较软，不易用颗粒度太大或太小的抛光剂，太大容易造成表面划伤，太小又容易被挤入试样表面形成黑点，故在抛光过程中对镁合金分粗抛和细抛两道工序。粗抛选择颗粒度为 2.5μm 的金刚石悬浮液抛去表面比较粗糙的磨痕，然后换用 1μm 的金刚石悬浮液进行精抛。在抛光的过程中样品表面和抛光布摩擦会产生热量，镁合金属性活泼极易被氧化，故在抛光过程中要一边抛一边喷酒精，因为镁合金遇水也能很快在表面生成一层致密的保护膜，因此抛光镁合金时一般不用水冷却。

抛光布不能太粗糙或太硬，太粗糙或太硬的抛光布对镁合金表面质量也有很大的影响。实验过程证明，抛光布太粗糙容易在表面产生新的划痕；太硬使得表面抛不亮。故本实验选择表面带有绒毛的金丝绒抛光布。在抛光的过程中，手持样品要稳，用力要轻微、均匀和平稳，使试样和抛光布有轻微接触。为避免试样灼伤，抛光时间不能太长，抛光布要保持湿润，试样表面要经常用酒精洗涤，以免试样表面附有较大颗粒或杂质划伤试样表面。

④ 试样的电解抛光　在电解抛光之前，必须做好准备工作：（a）清洗、吹干烧杯等实验用具；（b）配好电解液，电解液按酒精与高氯酸 9：1 的体积比；（c）将试样不需电解的表面涂上指甲油，具体方法如图 4.4 所示；（d）向配好的电解液中倒入液氮，使电解液温度降至 $-30\sim-40$℃之间；（e）电压控制在 $15\sim20$V，电流控制在 $0\sim0.1$A，电解时间控制在 $120\sim200$s；（f）电解完成后，首先用丙酮清洗试样表面指甲油，然后再用超声波清洗约 $1\sim2$min，最后取出试样用冷风吹干即可。图 4.5 为本实验方法制得样品，表面不仅光亮无瑕，而且标定率可达到 95%。

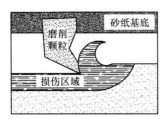
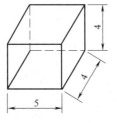
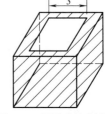

图 4.3　试样表面损伤区域示意图　　　　图 4.4　指甲油涂制方法

将烧杯等实验用具清洗、吹干是为了减少杂质对电解液浓度的影响，以免带入杂质污染了电解液；涂指甲油是减小实验的电解区面积，增大电解区的电流密度，防止所有表面参与电解使得电流过小，要观察的面得不到充分的电解，影响试样质量。加液氮主要就是为了降低电解液温度。高氯酸融入酒精后释放大量的热，如果直接将试样放入电解，试样表面将被氧化而变灰。

作者提出的 EBSD 试样制备的新方法就是对镁合金材料进行试样切割→预磨→机械抛光→电解抛光等工序，就可以制备 EBSD 试样。这种 EBSD 试样制备新方法的主要步骤：①试样切割→预磨→机械抛光→电解抛光，清洗、吹干烧杯等实验用具；②配好电解液；③将试样不需电解的表面涂上油脂，防止导电；④向配好的电解液中倒入液氮，使电解液温度降至足够低温度；⑤控制电压电流，电解时间控制在 $120\sim200$s 之间；⑥电解完成后，首先用稀释剂清洗试样表面油脂，然后再用超声波清洗约 $1\sim2$min，最后取出试样用冷风吹干即可。图 4.5 为本实验方法得到的 AZ31 镁合金试样 EBSD 结果，菊池带清晰可见，而且取向

(a) 菊池带　　　　　　　　　　　　(b) 晶粒取向

图 4.5　新方法制得的 EBSD 试样

标定率达到 95%。

（3）在其他镁合金中的应用

这种新方法也成功应用于其他镁合金材料中，如 ZK60、AZ80 和 AZ91 镁合金材料。ZK60 电解后表面立即变黑，分析原因可能是 ZK 系列镁合金和 AZ 系列镁合金所含合金元素不一样，电解液不适合；采用该方法制备的 AZ80 和 AZ91 的 EBSD 试样菊池带比较清晰，如图 4.6 所示，可以满足 EBSD 分析。但是电解后发现 AZ80 和 AZ91 的表面微黄，有被氧化的迹象，分析原因可能是合金元素含量不一样，电解液浓度不适合。

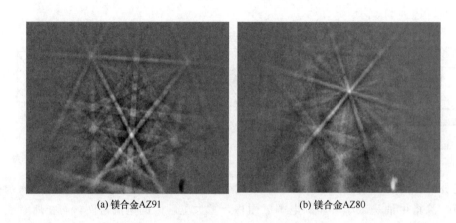

(a) 镁合金AZ91　　　　　　　　　　(b) 镁合金AZ80

图 4.6　新方法制得的 EBSD 试样菊池带

提出的 EBSD 试样制备新方法，其关键技术包括在自行配置并降温到 −30～−40℃ 之间的酒精高氯酸溶液中，电压调节在 15～20V，电流控制在 0～0.1A，电解 120～200s 能制得标定率为 95% 的 EBSD 样品。在预磨与电解之间进行机械抛光便于抛光在预磨过程中留下的轻微划痕；在电解之前将不需要电解的面涂上指甲油减小实验的电解区面积，增大电解区的电流密度。新方法制备的镁合金 EBSD 样品可大幅降低实验成本，显著地提高经济效益。

采用传统制样方法和新制样方法对 AZ31 镁合金进行了 EBSD 测试，通过分析得到的菊池带质量和晶粒取向图结果，采用本书提出的制样方法制备的 AZ31 镁合金试样，在进行 EBSD 分析时，标定率可到 95% 以上。

本书提出的一种镁合金电子背散射衍射（EBSD）试样制备方法及其专用电解液，属于镁合金的电解工艺领域，主要应用于制备高质量的 EBSD 试样。该方法包括：①电解液配制，将高氯酸和酒精按 1∶9 的体积比例放入烧杯中并搅拌，电解液最小体积能满足电解试样能全部浸入即可；②试样涂覆，将试样不需要电解的部位用涂覆液覆盖，试样与阳极相连接的部位避免覆盖；③电解，将液氮倒入盛有电解液的烧杯中，直到电解液的温度为 −20～−50℃，进行电解；④试样清洗。本方法可解决现有技术中存在的成本高等问题，该电解液替代价格昂贵的镁合金的商用电解液，制备合格的镁合金 EBSD 试样，其成本低廉且易于实现。

4.2 AZ31 镁合金压缩变形晶粒取向

实验材料是 AZ31 镁合金轧制板材，经过退火处理后，在热模拟试验机（Gleeble3500）上进行真空压缩，应变速率为 0.1mm/min，变形温度稳定在 170℃，在 JSM-7001F 型场发射扫描电镜的 EBSD 系统对样品进行表征分析。

4.2.1 变形温度对晶粒取向的影响

图 4.7 为镁合金轧制板材在变形温度 100℃真空条件下连续压缩一定变形量扫描得出的 EBSD 晶粒取向图。压缩方向为 RD。该试样一共经过了三次变形，最终变形量为 13％，在最后一次变形后试样表面有点突起。根据 EBSD 实验结果，得到变形前以及三个连续应变（8％、11％和 13％）状态下同一观察区域的 EBSD 取向图，如图 4.7。变形前后由于橘皮效应，各个晶粒的变形不均匀，使得变形表面凹凸不平。加上镁合金易于氧化，这导致对变形前后试样进行 EBSD 取向测定时标定率降低。最后一个应变的 EBSD 标定率低于 55％，而表面经过再次电解抛光能一定程度地提高标定率。因此当应变量为 13％时用再次抛光后的 EBSD 测定结果来表示这个应变状态下的晶粒取向 [图 4.7（d）]。

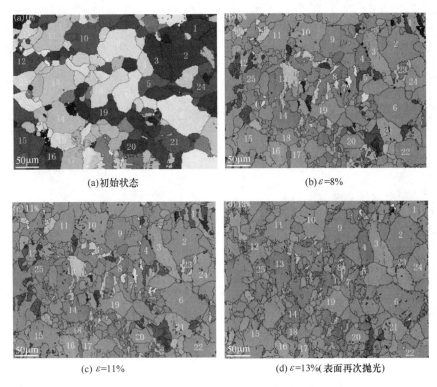

(a)初始状态　　　　　　　　　　(b)ε=8%

(c) ε=11%　　　　　　　　　　(d) ε=13%(表面再次抛光)

图 4.7　试样的 EBSD 晶粒取向图（变形温度 100℃）

为了跟踪分析晶粒的取向变化，在原始状态扫描的 EBSD 取向图上选取 25 个清晰、大小适中的晶粒编号 1～25 进行跟踪。经连续三次压缩后对应上一次扫描的取向图同样进行编号。实验结果发现：经第一次变形后几乎所有的晶粒取向都发生改变，都出现完全孪生现象，比如 1、2、3、4、9、10、11 号等晶粒，有些以部分孪生为主，如 5、7、12、13 号等晶粒。少数以共格方式发生如 13 和 16 号晶粒。有些晶粒逐渐变小，如 14、20、21、22、24 号晶粒。有些晶粒长大如 4 号晶粒。原因是试样在压缩变形过程中，在一定温度条件下，施加一定外力使得部分晶粒聚集一定能量满足自身长大的要求，逐步吞并周围细小晶粒。随着应变量继续增大，如图 4.7（c）应变量达到 11％时，出现部分孪生的晶粒内孪生面积进一步加大，如 1、5、12、23 号晶粒。这是因为继续加载变形使得孪生进行得更加充分。当应变量达到 13％时［图 4.7（d）］，发现之前没有来得及变形的晶粒也开始出现孪生现象如 3 号晶粒，其原因是 3 号晶粒的孪生临界应力值较高，只有继续加载到它的临界应力值以上才能发生。除此之外还发现在一次孪生的晶粒中出现了二次孪生，如 23 号晶粒。

图 4.8 为镁合金轧制板材在变形温度 170℃真空条件下连续压缩一定变形量扫描得出的 EBSD 晶粒取向图。压缩方向为 RD。该试样一共经过了三次变形，最终变形量为 23％，在最后一次变形后试样表面有点突起。根据 EBSD 实验结果，得到变形前以及三个连续应变（11％、17％和 23％）状态下同一观察区域的 EBSD 取向图。与变形温度 100℃相似，最后一个应变的 EBSD 标定率低于 55％，因此需再次电解抛光来表示应变量为 23％时的晶粒取向［图 4.8（d）］。

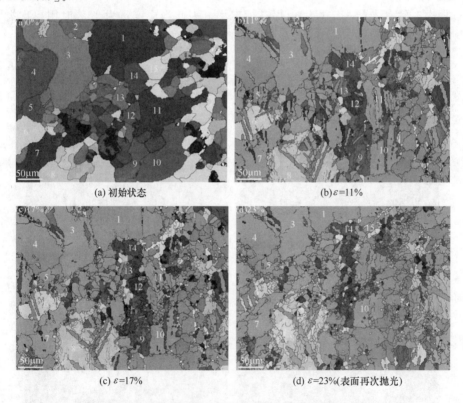

(a) 初始状态　　　　　　　　　　(b) $\varepsilon=11\%$

(c) $\varepsilon=17\%$　　　　　　　(d) $\varepsilon=23\%$(表面再次抛光)

图 4.8　试样的 EBSD 晶粒取向图（变形温度 70℃）

与变形温度 100℃情况类似，变形温度 170℃条件下试样经不同变形量变形后，由于压缩方向与晶粒 c 轴垂直，为了满足材料的塑性变形，在变形初期仍以拉伸孪生为主，随着变形的继续，变形能量的积累滑移也慢慢开始启动，使得在后面的两次变形过程中晶粒的变化情况不大。为了跟踪分析晶粒的取向变化，在原始状态扫描的 EBSD 取向图上选取 15 个清晰、大小适中的晶粒编号 1～15 进行跟踪。经连续三次压缩后对应上一次扫描的取向图同样进行编号。实验结果发现：经第一次变形后几乎所有的晶粒取向都发生改变，都出现完全孪生现象，比如 1、2、3、4、5、7 号等晶粒，有些以部分孪生为主，如 12、15 号等晶粒。有些晶粒逐渐变小，如 9、13、14 号晶粒。

图 4.9 为镁合金轧制板材在变形温度 230℃真空条件下连续压缩一定变形量扫描得出的 EBSD 晶粒取向图。压缩方向为 RD。该试样一共经过了三次变形，最终变形量为 25％，在最后一次变形后试样表面有点突起。根据 EBSD 实验结果，得到变形前以及三个连续应变（11％、19％和 25％）状态下同一观察区域的 EBSD 取向图，与前两次一样最后一次需要重新电解抛光来表示应变量为 25％时的晶粒取向［图 4.9（d）］。

为了跟踪分析晶粒的取向变化，在原始状态扫描的 EBSD 取向图上选取 21 个清晰、大小适中的晶粒编号 1～21 进行跟踪。经连续三次压缩后对应上一次扫描的取向图同样进行编号。实验结果发现：与变形温度 100℃和 170℃不同，经第一次变形后几乎所有的晶粒只是出现部分孪生现象，比如 2、3、4、5、6、7 号等晶粒；有些以完全孪生为主，如 15 号晶粒；有些晶粒逐渐变小，如 10、17 号晶粒；有些晶粒长大，如 14 号晶粒。这是因为随着温度的升高，镁合金滑移系逐渐开始启动，更容易压缩变形。但滑移也不是同时开始的，只是一部分开始滑移，当滑移线受到阻碍就堆积影响滑移的进一步进行，此时产生的应力集中也只能通过孪生机制来化解，故当变形受阻时也有孪生的产生。

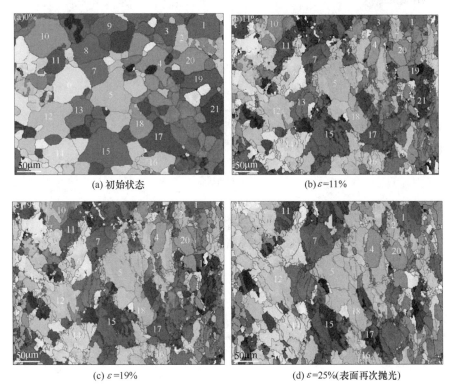

(a) 初始状态   (b) ε=11%

(c) ε=19%   (d) ε=25%(表面再次抛光)

图 4.9　试样的 EBSD 晶粒取向图（变形温度 230℃）

4.2.2　极图与反极图分析

图 4.10 是在变形温度 100℃时前后晶粒取向的极图，分别对应取向图 4.7。每组图包括（0001）面和（10$\bar{1}$0）面的极图。图中横向表示 RD 方向，也就是试样压缩方向；纵向表示 TD 方向。可以发现：变形前是典型的轧制基面织构，大部分晶粒的 c 轴与压缩方向趋近于

垂直；随着变形的进行，基面取向逐渐开始消失。这是由于大部分晶粒发生了拉伸孪生，晶粒取向绕<11$\bar{2}$0>轴旋转86.3°。所以在应变为8％时，对于发生了拉伸孪生晶粒，其c轴与x_0的夹角在±30°以内，大部分晶粒的取向与压缩方向趋近于平行；当应变为11％时，基面取向进一步消失，c轴与压缩方向平行的织构强度也进一步增强；当应变为13％时，基面取向已经完全消失。(10$\bar{1}$0)面织构由原始的平行于ND方向经三次应变后转变为与ND方向垂直，但在TD方向成一定角度分散，强度逐渐加强。

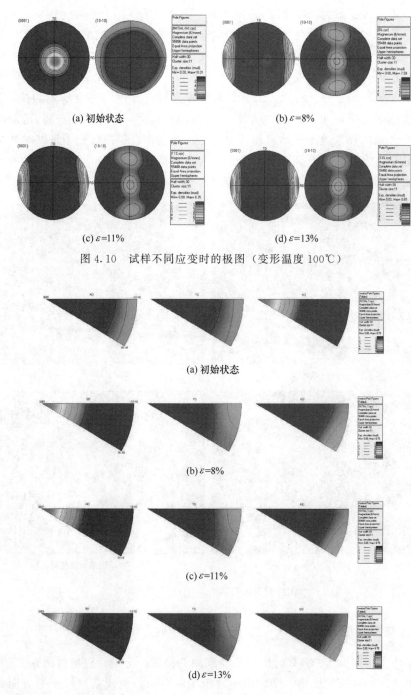

(a) 初始状态   (b) ε=8%

(c) ε=11%   (d) ε=13%

图 4.10 试样不同应变时的极图（变形温度 100℃）

(a) 初始状态

(b) ε=8%

(c) ε=11%

(d) ε=13%

图 4.11 试样不同应变时的反极图（变形温度 100℃）

图 4.11 是变形温度 100℃时前后反极图。变形前压缩轴主要在法向（ND 方向）平行于 c 轴，经三次连续压缩变形后，由于拉伸孪生的作用，使得压缩轴主要在轧向（RD 方向）平行于 c 轴，并且织构强度逐渐增强，正好对应（0001）基面织构在极图中的变化过程。

图 4.12 是变形温度 170℃时前后晶粒取向的极图，分别对应图 4.8 所示的晶粒取向。每组图包括（0001）面和（$10\overline{1}0$）面的极图。x_0 表示 RD 方向；y_0 表示 TD 方向。对比四组图可发现：变形前仍是典型的轧制基面织构，大部分晶粒的 c 轴与压缩方向趋近于垂直；随着变形的进行，基面取向逐渐开始消失。晶粒取向绕 $<11\overline{2}0>$ 轴旋转 86.3°，c 轴与 x_0 的夹角在 ±30°以内，大部分晶粒的取向与压缩方向趋近于平行，（$10\overline{1}0$）面织构由原始的平行于 ND 方向经三次应变后转变为与 ND 方向垂直，但在 TD 方向成一定角度分散，强度逐渐加强。变形过程仍以拉伸孪生为主，滑移为辅。但是不同于变形温度为 100℃时变形的是仍有部分晶粒 c 轴垂直于压缩方向，只是强度逐渐减小；当应变为 17％和 23％时，基面取向进一步消失，c 轴与压缩方向平行的织构强度也进一步增强。

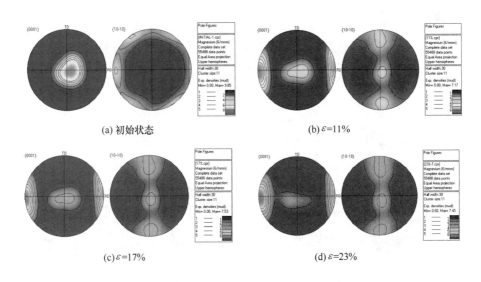

图 4.12　试样不同应变时的极图（变形温度 170℃）

图 4.13 是变形温度 170℃时前后晶粒取向反极图。与变形温度 100℃时相似，变形前压缩轴主要在法向（ND 方向）平行于 c 轴，经三次连续压缩变形后，由于拉伸孪生的作用，使得压缩轴主要在轧向（RD 方向）平行于 c 轴，但织构强度没有明显变化。

图 4.14 是变形温度 230℃时前后晶粒取向的极图，由图可知：变形前是典型的轧制基面织构，大部分晶粒的 c 轴与压缩方向趋近于垂直；随着变形的进行，与变形温度 100℃和 170℃的变形情况有所差别：基面织构没有什么明显变化，只是织构强度有所降低，因为在变形温度 230℃时镁合金的基面滑移系已开始启动。主要变形机制以滑移为主，而非孪生变形，故取向图和极图都没有明显变化。

图 4.15 是变形温度 230℃时前后晶粒取向反极图。变形前压缩轴主要在法向（ND 方向）平行于 c 轴，经三次连续压缩变形后，由于变形以滑移为主，使得压缩轴仍在法向（ND 方向）平行于 c 轴，只是强度有所减小。正好对应（0001）基面织构在极图中的变化过程。

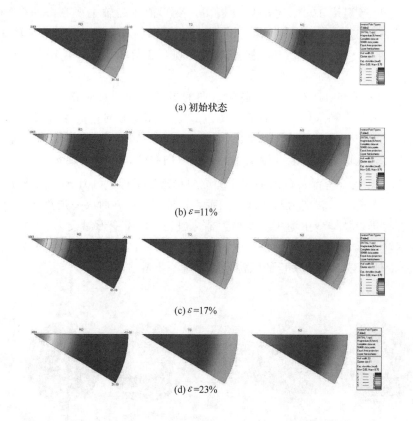

图 4.13　试样不同应变时的反极图（变形温度 170℃）

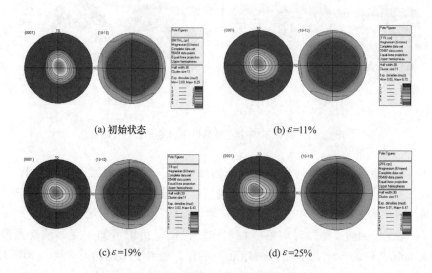

图 4.14　试样不同应变时的极图（变形温度 230℃）

4.2.3　旋转轴与取向差角分析

　　图 4.16 为变形温度 100℃时晶粒取向差和旋转轴分布。为了统计不同范围内的取向差百分比，图 4.16 显示了初始状态和变形后（应变为 8%、11% 和 13%）取向差角度（5°～

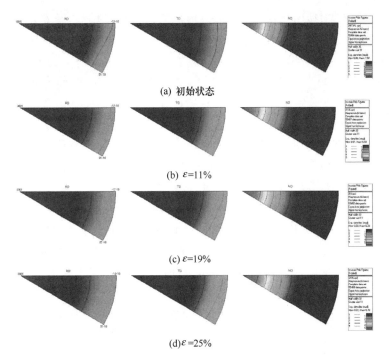

图 4.15　试样不同应变时的反极图（变形温度 230℃）

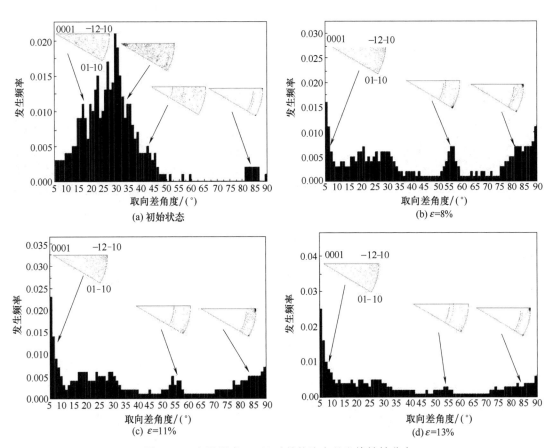

图 4.16　变形温度 100℃时晶粒取向差和旋转轴分布

90°）分布百分比以及变形后取向差旋转轴的分布。由于变形前的试样为轧制退火态（200℃退火保温 5h，随炉冷却 30min 后空冷），其晶界大部分为大角度晶界（取向差角度＞15°），大部分晶粒的取向差角度在 20°～35°之间。

从初始状态至应变量为 8%的阶段，取向差角度 20°～35°频率大幅降低，50°～60°、80°～90°的取向差角度的频率明显增加，并且取向差旋转轴绝大部分集中在＜$\overline{1}2\overline{1}0$＞附近，这种取向与拉伸孪晶取向 86.3°/＜$\overline{1}2\overline{1}0$＞（±5°的偏差）相符，说明变形中发生了明显的拉伸孪晶。在 50°～60°取向差角度也有较高的频率，而且取向差旋转轴相当一部分集中在＜$10\overline{1}0$＞附近，这种取向符合拉伸孪晶变体之间的取向关系 60°/＜$10\overline{1}0$＞（±5°的偏差）。另外一个较高的取向差是 20°～35°，其旋转轴一小部分集中于＜$\overline{1}2\overline{1}0$＞。

从应变为 8%～11%这一阶段，50°～60°、80°～90°的取向差角度的频率明显降低，5°～10°的取向差角度的频率有所升高。但 50°～60°的取向差旋转轴仍主要集中于＜$01\overline{1}0$＞附近；80°～90°的取向差旋转轴也仍是集中于＜$\overline{1}2\overline{1}0$＞附近。小角度晶界（取向差角度＜15°）出现的频率有一定的提高，取向差旋转轴基本呈离散分布，但略微倾向集中于＜$\overline{1}2\overline{1}0$＞附近，这种倾向和拉伸孪生变体的 7.4°/＜$\overline{1}2\overline{1}0$＞（±5°的偏差）取向关系有关。

从应变 11%～13%这一阶段，5°～10°的取向差角度的频率基本没有什么变化，但 15°～30°的取向差角度的频率进一步降低。但取向差旋转轴在 50°～60°和 80°～90°仍集中于＜$01\overline{1}0$＞和＜$\overline{1}2\overline{1}0$＞附近。以上三个应变阶段的取向差统计，说明了拉伸孪晶在压缩变形过程中起决定作用。

图 4.17 为变形温度 170℃时晶粒取向差和旋转轴分布。图 4.17 显示了初始状态和变形

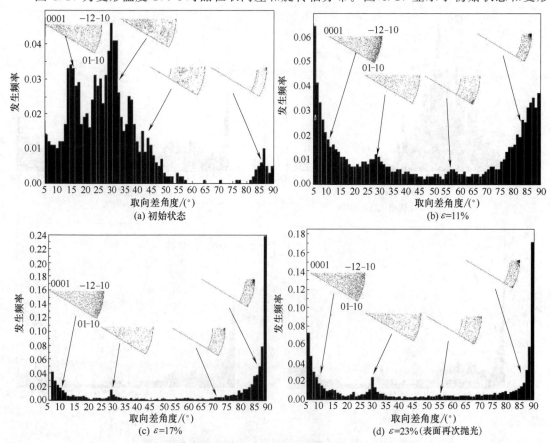

图 4.17　变形温度 170℃时晶粒取向差和旋转轴分布

后（应变为 11％、17％和 23％）取向差角度（5°～90°）分布百分比以及变形后取向差旋转轴的分布。与变形温度 100℃时的情况相近，变形前的试样为轧制退火态，其晶界大部分为大角度晶界（取向差角度＞15°），大部分晶粒的取向差角度在 15°～35°之间。

在前两次变形阶段，取向差角度 15°～35°频率大幅降低，并且在 5°～15°取向差旋转轴弥散分布于＜$\bar{1}2\bar{1}0$＞和＜$01\bar{1}0$＞之间；在 50°～60°取向差角度频率有所升高，而且取向差旋转轴相当一部分集中在＜$01\bar{1}0$＞附近，符合拉伸孪晶变体之间的取向关系 60°/＜$10\bar{1}0$＞（±5°的偏差）。80°～90°的取向差角度的频率也明显增加，并且取向差旋转轴绝大部分集中在＜$\bar{1}2\bar{1}0$＞附近，这种取向与拉伸孪晶取向 86.3°/＜$\bar{1}2\bar{1}0$＞（±5°的偏差）相符，说明变形中发生了明显的拉伸孪晶。另外一个较高的取向差是 20°～35°，其旋转轴小部分集中于＜$\bar{1}2\bar{1}0$＞。

而在变形的最后一个阶段，5°～10°的取向差角度的频率又大幅增强，并均匀分布于＜0001＞、＜$\bar{1}2\bar{1}0$＞和＜$01\bar{1}0$＞之间，但主要趋近于＜$\bar{1}2\bar{1}0$＞和＜$01\bar{1}0$＞之间；50°～60°和80°～90°的取向差角度频率没有明显变化，但取向差旋转轴在 50°～60°和 80°～90°仍集中于＜$01\bar{1}0$＞和＜$\bar{1}2\bar{1}0$＞附近。

图 4.18 为变形温度 230℃时晶粒取向差和旋转轴分布。变形温度 230℃不同变形量情况下的旋转轴与取向差角分布与 100℃和 170℃虽有类似的地方，但差别也非常大。图 4.18 显示了初始状态和变形后（应变为 11％、19％和 25％）取向差角度（5°～90°）分布百分比以及变形后取向差旋转轴的分布。

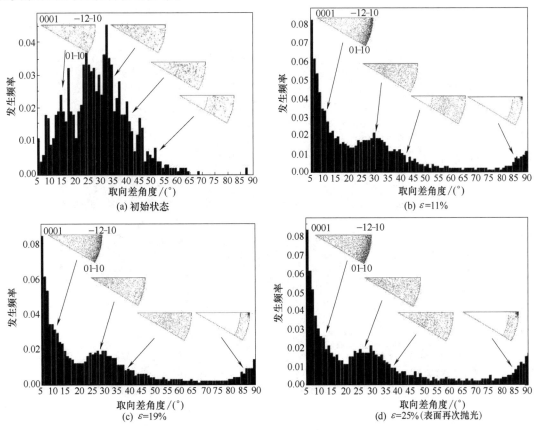

图 4.18 变形温度 230℃时晶粒取向差和旋转轴分布

由于变形前的试样为轧制退火态，其晶界大部分为大角度晶界（取向差角度＞15°），大部分晶粒的取向差角度在 10°～45°之间。

在变形初始阶段，取向差角度 15°～35°频率大幅降低；在 50°～60°取向差角度频率也有所降低，而且取向差旋转轴相当一部分集中在＜$01\bar{1}0$＞附近，拉伸孪晶变体之间的取向关系符合 60°/＜$10\bar{1}0$＞（±5°的偏差）和 86.3°/＜$\bar{1}2\bar{1}0$＞（±5°的偏差）。但是在变形的后两个阶段，由于变形温度高于 170℃，变形能量的积累，滑移慢慢开始启动，在变形过程中占据主导地位，滑移促进塑性变形使得晶粒取向在后两个阶段的变形过程中没有发生明显的偏转或扭转，导致旋转轴与取向差角的分布也没有明显的变化。但在整个变形过程中拉伸孪晶仍作为一个变形的辅助过程对变形起到一定的过渡作用。

4.3 拉伸孪晶与压缩孪晶晶界分析

（1）变形温度 100℃时拉伸孪晶与压缩孪晶分析

图 4.19 和图 4.20 为变形温度为 100℃时的拉伸孪晶和压缩孪晶晶界在 Band contrast 图中的显示。用红色线标示出的为拉伸孪晶晶界；用蓝色线标示出的为压缩孪晶晶界。试样从原始状态到三个连续的应变（8％、11％和 13％）过程中，可以发现从原始状态到应变量为8％的过程中大量出现拉伸孪晶，如取向图中所示，当应变量为 8％时几乎所有晶粒都发生了孪生。而从应变量 8％～11％和 13％的过程中，发现拉伸孪晶晶界逐渐减少，其原因是连续的加载使晶粒之间积蓄了足够的能量，使得部分发生了滑移。但是在整个过程中几乎没有压缩孪晶的出现。

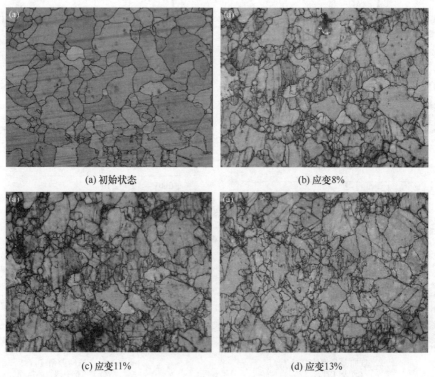

(a) 初始状态   (b) 应变8%

(c) 应变11%   (d) 应变13%

图 4.19 变形温度为 100℃时拉伸孪晶晶界在 Band contrast 图中的显示

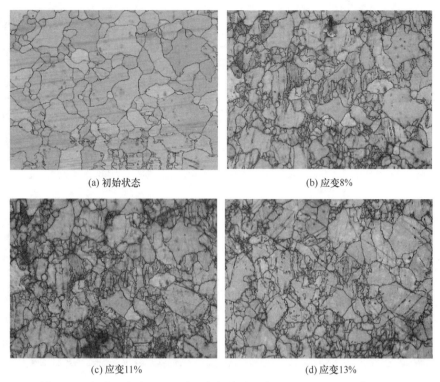

(a) 初始状态   (b) 应变8%

(c) 应变11%   (d) 应变13%

图 4.20　变形温度为 100℃时压缩孪晶晶界在 Band contrast 图中的显示

（2）变形温度 170℃时拉伸孪晶与压缩孪晶分析

图 4.21 和图 4.22 为变形温度为 170℃时拉伸孪晶和压缩孪晶晶界在 Band contrast 中的

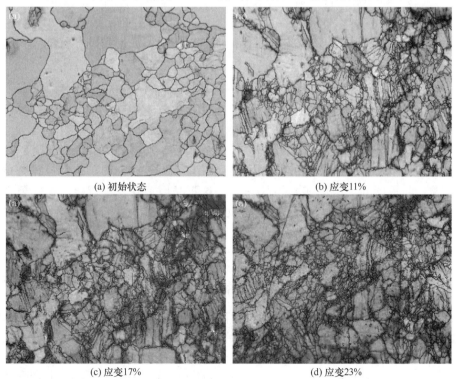

(a) 初始状态   (b) 应变11%

(c) 应变17%   (d) 应变23%

图 4.21　变形温度为 170℃时拉伸孪晶晶界在 Band contrast 图中的显示

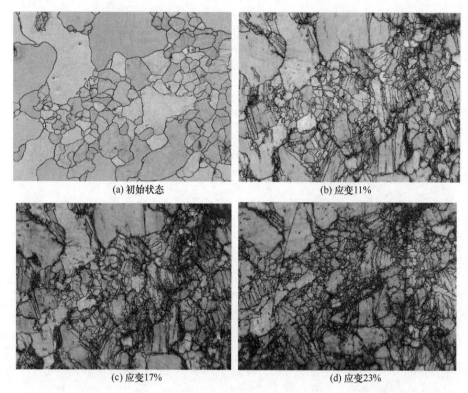

(a) 初始状态　　　　　　　　　　　　　(b) 应变11%

(c) 应变17%　　　　　　　　　　　　　(d) 应变23%

图 4.22　变形温度为 170℃时压缩孪晶晶界在 Band contrast 图中的显示

显示。红色线表示拉伸孪晶晶界；蓝色线表示压缩孪晶晶界。试样从原始状态到三个连续的应变（11％、17％和 23％）过程中，从图中可以发现，变形温度为 170℃和 100℃时孪晶变形情况类似，极图和反极图的分析形成鲜明对照。变形初期几乎所有晶粒都发生了孪生。而在变形的后期发现拉伸孪晶晶界逐渐减少，也是因为连续的加载使晶粒之间积蓄了足够的能量，使部分发生了滑移所致。但是在整个过程中几乎没有压缩孪晶的出现。

（3）变形温度为 230℃时拉伸孪晶与压缩孪晶分析

图 4.23 和图 4.24 为变形温度为 230℃时拉伸孪晶和压缩孪晶晶界在 Band contrast 中的显示，红色表示拉伸孪晶晶界；蓝色表示压缩孪晶晶界。与变形温度为 100℃和 170℃时拉伸孪晶和压缩孪晶的变化明显不同，试样从原始状态到三个连续的应变（11％、19％和 25％）过程中，可以发现只有极少拉伸孪生出现，整个过程中没有压缩孪晶的出现，与极图和反极图实验结果一致。这正是因为在变形温度 230℃条件下变形主要以滑移为主要变形机制，孪生只是辅助过渡变形机制，使得在变形过程中晶粒取向没有发生明显变化。

当变形温度为 100℃、170℃和 230℃时，单向压缩变形过程中测得拉伸孪晶在整个晶界中的百分含量如表 4.1 所示。在变形初期，拉伸孪晶含量在变形温度为 100℃和 170℃时增加显著然后逐渐降低，其原因是在变形温度 170℃以下时，AZ31 镁合金塑性变形的方式主要以孪生为主，但随着变形的继续，由于变形畸变能量的积聚，部分滑移系开始启动，使得孪晶含量逐渐减少；在变形温度为 230℃条件下，孪晶含量相比变形温度为 100℃和 170℃明显减少很多，并且随着变形温度的升高，含量基本上也没有什么变化，对应变形温度为 230℃条件下的极图与反极图分析也发现：在此条件下，AZ31 镁合金塑性变形主要以基面

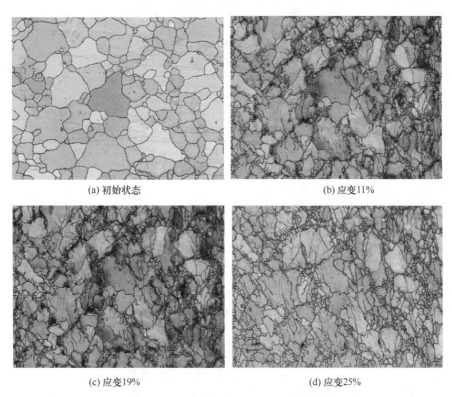

(a) 初始状态

(b) 应变11%

(c) 应变19%

(d) 应变25%

图 4.23　变形温度为 230℃时拉伸孪晶晶界在 Band contrast 图中的显示

(a) 初始状态

(b) 应变11%

(c) 应变19%

(d) 应变25%

图 4.24　变形温度为 230℃时压缩孪晶晶界在 Band contrast 图中的显示

表 4.1 不同变形量时拉伸孪晶的百分含量

变形温度 100℃	变形量 0%	变形量 8%	变形量 11%	变形量 13%
	0%	6.26%	4.46%	1.03%
变形温度 170℃	变形量 0%	变形量 11%	变形量 17%	变形量 23%
	0%	8.09%	6.36%	2.27%
变形温度 230℃	变形量 0%	变形量 11%	变形量 19%	变形量 25%
	0%	1.83	2.1%	1.46%

滑移为主，只有少量的孪生出现。

根据以上研究结果，可以得到以下结论。

① 在单向压缩变形过程中，变形温度为 100℃和 170℃的晶粒变化情况基本类似，大部分晶粒主要以完全孪生为主，并伴随晶粒的长大、缩小或消失；随着变形温度的升高，当变形温度达到 230℃时，大部分晶粒主要以部分孪生为主，变形温度的升高使得滑移慢慢开始启动，促进了塑性变形，减小了晶粒取向的改变。

② 在压缩变形的不同变形阶段，变形温度为 100℃和 170℃的极图与反极图的变化过程都是由原始的（0002）典型基面织构开始向圆的两端变化，晶粒 c 轴由原始的平行法线方向转变为与法线大约成 30°角分布。变形温度为 230℃条件下，由于更多滑移系的启动，及孪生变形的减弱，原始的基面织构没有明面变化，但强度有所降低。

③ 在压缩变形过程中，不同温度条件的晶粒旋转轴与取向差角的分布主要符合 86.3°/$\langle 1\bar{2}10 \rangle$ 拉伸孪晶的取向分布和 56.2°/$\langle 1\bar{2}10 \rangle$ 压缩孪晶的取向分布。旋转轴在 50°~60°和 80°~90°之间分别主要分布在（01$\bar{1}$0）和（1$\bar{2}$10）附近，20°~40°之间主要呈弥散分布。

④ 在压缩变形过程中，压缩方向垂直于晶粒 c 轴，主要以拉伸孪晶为主，几乎没有压缩孪晶的产生。压缩试样的塑性变形主要以孪生为主，滑移为辅。随着变形温度的升高，试样变形过程中能量的积累，滑移慢慢开始启动，在变形温度为 230℃时产生拉伸孪晶的量相比变形温度 100℃和 170℃时明显减少。

第5章
镁合金板材压弯-压平复合变形理论

5.1 压弯-压平复合变形技术特征

（1）压弯-压平复合变形定义

将镁合金平面板材经过压弯变形（一次变形）后产生剧烈切向变形，再经过压平变形（二次变形）产生相反方向的剧烈切向变形，使板材恢复到原来的表面平整度，这种变形方法称为压弯-压平复合变形方法。图 5.1（a）为镁合金压弯-压平复合变形工艺原理图。

压弯-压平复合变形工艺参数包括：压弯齿间距 s，压弯齿高度 h，复合形变系数 λ（定义为 $\lambda = h/s$），板材原始厚度 t_0，如图 5.1（b）所示。

压弯变形切向变形程度表征方法：

$$\varepsilon_t = \frac{1}{1 + 2r/t_0} \tag{5.1}$$

式中，$r = s^2/(8h) + h/2$，t_0 为弯曲板材初始厚度。

压弯-压平复合变形时变形程度表征方法：

$$\varepsilon = \lambda \varepsilon_t = \frac{h}{s(1 + 2r/t_0)} \tag{5.2}$$

式中，r 为压弯曲率半径，$r = s^2/(8h) + h/2$；t_0 为弯曲板材初始厚度；s 为压弯齿间距；h 为压弯齿高度；λ 为复合形变系数，$\lambda = h/s$。

根据压弯-压平复合变形技术的基本特点，在实际应用时，为了进一步提高镁合金板材性能，也可以进行双向多道次压弯变形，即将镁合金板材经过一次压弯→一次压平→反向压弯（二次压弯）→二次压平的四个工序为一个复合变形道次，双向压弯-压平复合变形技术原理见图 5.1（c）。图 5.1（d）为双向压弯-压平复合变形应力与应变状态。

（2）压弯-压平复合变形技术的作用

压弯-压平复合变形产生的激烈切向变形加剧了动态再结晶发生，可以产生更多的孪晶组织、更多的滑移系，有利于细化晶粒和弱化基面织构，提高成形性能。压弯-压平复合变形方法可以实现镁合金板材变形区切向拉应变与切向压应变的交替作用，产生压缩孪晶和拉伸孪晶的交互作用，改善了镁合金板材的孪晶组织及织构、使晶粒取向分散、弱化了基面织构、弱化了板材的各向异性，显著提高镁合金板材的室温成形性能及力学性能。压弯-压平复合变形方法可以有效改善镁合金板材横向、厚度方向、径向方向上的受力情况及材料流动，可以有效改善镁合金板材各个方向上的孪晶组织及织构。

（3）压弯-压平复合变形的机理

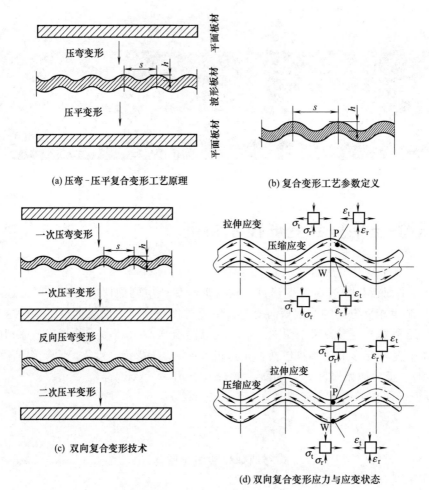

(a) 压弯-压平复合变形工艺原理　　　　　(b) 复合变形工艺参数定义

(c) 双向复合变形技术

(d) 双向复合变形应力与应变状态

图 5.1　压弯-压平复合变形技术特征

在压弯变形区外侧，沿着板材方向的应变为拉伸应变，在压弯变形区内侧，沿着板材方向的应变为压缩应变，在后续压平变形时，应变状态恰好相反。这样在变形区的同一个质点将产生压缩变形与拉伸变形的交替变化，可以有效改善镁合金板材的性能。由于压缩应变是镁合金材料产生孪晶的主要因素，因此经过压缩变形和拉伸变形的交替作用，使材料发生压缩变形→孪晶组织形成→发生动态再结晶→孪晶消失→晶粒细化的组织演变过程，形成分布均匀的细小的晶粒组织，改善镁合金材料性能。

晶粒取向转变及织构弱化机理：晶粒垂直取向→晶粒取向偏转→晶粒取向无序→弱化织构。在大的切向变形区域的晶粒偏转角度 90°，在小的切向变形区域的晶粒偏转角度小于90°。经过多次反复压弯-压平复合变形，晶粒取向处于无序状态，降低了织构强度，弱化了织构。图 5.2 为晶粒取向转变机制。

镁合金板材室温成形性能差，在低于 225℃时，基于密排六方结构的镁合金晶体的塑性变形机理仅限于基面滑移和拉伸孪生变形。仅在高温时才能激活棱柱面滑移，易于塑性成形。此外，镁合金轧制板材具有较强的基面织构，板材各向异性明显，导致板材室温成形性能差。

镁合金压弯-压平复合变形技术有利于晶粒细化和控制基面织构，有效提升镁合金的室温成形性能。第一，在压弯成形过程中，经过压弯凸柱的板材将受到凸柱给予晶粒垂直于 c 轴的剪切力的作用，从而使 c 轴向拉伸方向偏转，导致在平行于 c 轴施加应力时，晶体的各

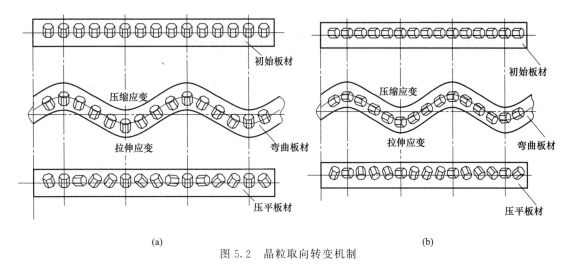

图 5.2 晶粒取向转变机制

个滑移系的 Schmid 因子发生变化，使得基面和柱面滑移系启动，弱化基面织构。并且在压弯-压平复合变形过程中，在剪切力的作用下，剪切带、晶界处将发生动态再结晶。第二，由于原始板材是轧制状态，基面平行于轧面，在压弯过程中，板材的凸面晶粒受到垂直于 c 轴的拉应力，容易产生一些压缩孪晶。相反，板材的凹面晶粒受到垂直 c 轴的压应力，容易产生拉伸孪晶。在变形过程中板材将不断使凸凹面交替变形，积累大量相互交叉的拉伸与压缩孪晶。因为单纯的拉伸孪晶或是单纯的压缩孪晶区的晶格畸变小，不容易产生动态再结晶，即使有再结晶，再结晶晶粒的取向与初始晶粒的取向大体一致，再结晶过程不会产生织构弱化效果。而孪晶交叉区域畸变能较大，为再结晶形核提供了有利条件，所以孪晶交叉区在再结晶过程中优先形核，并且在孪晶交叉区产生的新晶粒取向无序，从而能导致弱化基面织构组织的目的。

（4）压弯-压平复合变形力计算

压弯-压平复合变形受力分析如图 5.3 所示。压弯工艺参数包括压弯齿高 h，压弯齿间距 s，复合变形系数 $\lambda = h/s$。

根据受力平衡，得到：

$$2T\cos\theta = F \qquad (5.3)$$

而根据材料屈服条件得到 $T = \sigma_s t_0 b$，因此：

$$F = 2T\cos\theta = 2\sigma_s t_0 b\cos\theta$$

当 $\theta = 90°$ 时，$F = 0$；当 $\theta = 0°$ 时，$F = F_{max} = 2\sigma_s t_0 b$。根据几何关系得到：

$$\tan\theta = \frac{s/2}{h} = \frac{1}{2\lambda}，\cos\theta = 2\lambda\sqrt{\frac{1}{1+4\lambda^2}}$$

图 5.3 滚弯-轧制复合变形受力分析

所以，压弯变形时，压力为：

$$F = 2T\cos\theta = 4\sigma_s t_0 b\lambda\sqrt{\frac{1}{1+4\lambda^2}} \qquad (5.4)$$

对于 n 个齿的压弯变形，总的压弯力：

$$F_{总} = nF = 4n\sigma_s t_0 b\lambda\sqrt{\frac{1}{1+4\lambda^2}} \qquad (5.5)$$

式中，F 为弯曲力；σ_s 为屈服极限；t_0 为板材厚度；b 为板材宽度；λ 为复合变形系数；n 为压弯齿的数量。

5.2 镁合金压弯-压平复合变形模具设计

在 AZ31 镁合金板材压弯-压平复合变形模具研制时，主要考虑以下几个方面问题：第一，由于镁合金板材散热快，进行复合变形时，板材初始温度与结束温度会有很大差别，所以模具要具有加热保温的作用；第二，压弯实验应用的模具不同于一般的压弯模具，要能实验板材正反两面多次压弯，考虑到板材压弯过程中板材局部压弯内侧和压弯外侧要交替变形，不容易定位，所以在每次压弯前先把前一次压弯的板材压平，再进行下一次的压弯；第三，由于镁合金板材在不同变形温度下，其压弯性能不同，所以此模具要考虑能够实现在镁合金在不同温度下的不同压弯变形量。基于以上三点考虑，进行了模具研制。

多功能压弯-压平复合变形模具装配图如图 5.4（a）所示。模具整体分为上下两部分，1

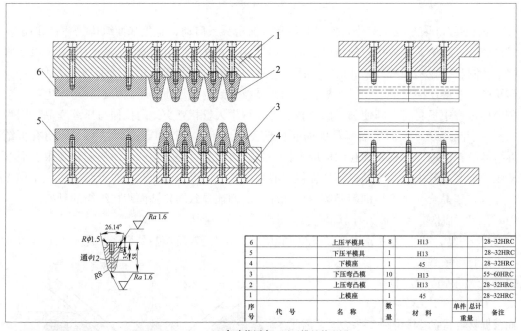

6		上压平模具	8	H13		28~32HRC
5		下压平模具	1	H13		28~32HRC
4		下模座	1	45		28~32HRC
3		下压弯凸模	10	H13		55~60HRC
2		上压弯凸模	1	H13		28~32HRC
1		上模座	1	45		28~32HRC
序号	代号	名称	数量	材料	单件 总计 重量	备注

(a) 多功能压弯-压平模具装配图

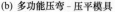

(b) 多功能压弯-压平模具

(c) 四柱万能液压机

图 5.4　压弯-压平复合变形模具

为上模座、2 为上压弯凸模、3 为下压弯凸模、4 为下模座、5 为下压平模具、6 为上压平模具。模具上下两部分都分别由固定模板、整平板、压弯凸柱三部分组成。固定模板起固定整平板、压弯凸柱与压力设备连接的作用，并且能够固定多个压弯凸柱。如图中标号 2 和 3 所示，此套模具能够固定 5 组凸柱。经过计算并且考虑实际应用，凸柱的顶角凸圆半径设计为 8mm，其中有 ϕ12mm 的通孔，通孔作用为放入加热棒对模具进行加热。上下各 5 个凸柱，交错排放，每个凸柱中心距为 38mm。如图 5.4 中 5 和 6 部件为用于压平变形的上下压平模具。在压平模具两侧也有用于放加热棒的通孔。模具的整体长宽尺寸为 420mm×280mm，能够加工 200mm×140mm 的板材。其中对 2mm 厚的板材能够实现压弯角度 $\gamma \geqslant 26.5°$，压弯半径 $r \geqslant 8mm$ 的压弯变形。图 5.4（b）所示为固定在液压机上的实际模具图。

压弯-压平复合变形方法的操作步骤：①镁合金板材放在加热炉中加热一定温度并且保温一定时间，采用电加热棒给模具预热到一定温度；②镁合金板材经过压弯凸模 2 和 3 进行压弯变形，即一次变形；③完成压弯变形的镁合金板材经过压平模具 5 和 6 完成压平变形工艺，即二次变形，加工出略小于初始厚度的镁合金板材。

5.3　镁合金板材压弯-压平复合变形微观组织

（1）实验方案

实验所用材料为 2mm 厚的商用 AZ31 镁合金板材。为了防止原始板材残余应力对实验结果影响，前先对镁合金板材进行在 450℃温度下退火 60min。退火后 AZ31 镁合金板材组织如图 5.5 所示，发现退火后组织晶粒比较大，基本为等轴晶粒，平均晶粒尺寸为 36μm，晶粒内部没有孪生现象。

为了观察板材织构变化，采用 X 射线衍射技术对样品进行极图分析。图 5.6 为实验测得的原始板材 {0001} 晶面极图。

图 5.5　AZ31 镁合金板材退火后组织

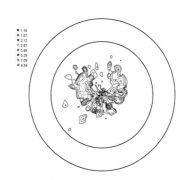

图 5.6　原始板材 {0001} 晶面极图

压弯-压平复合变形实验，其主要目的是研究复合变形工艺中的复合变形、变形温度、压弯变形次数等工艺参数对 AZ31 镁合金轧制板材微观组织、板材织构、力学性能的影响规律，并且探索其影响的原因与机理。

实验方案是将板材经过压弯-压平-反向压弯-压平四个工序为一个复合变形道次，变形道次是镁合金板材变形区域应变总量的一个宏观标定。在实验过程中，压弯凸柱半径为 8mm，压弯凸柱间距为 38mm，压弯变形压下量为 15mm，压弯速度为 10mm/s。镁合金板材的变形温度分别为 443K（170℃）、483K（210℃）、523K（250℃），并且保证整个变形过程在相对应的温度下恒定进行。复合变形道次分别为 1、3、5、7 等多道次实验方案，不同温度下最大复合变形道次由变形后板材表面出现裂纹而结束，如表 5.1 所示。

表 5.1 不同温度下复合变形道次数

变形温度/K	443	483	483	523	523	523	523
变形道次数/次	1	1	3	1	3	5	7

实验步骤：第一步，用加热棒把模具工作部分弯曲凸柱与压平模具加热到预定温度，并且控制模具在整个实验过程中都保持该温度恒温；第二步，把 AZ31 镁合金板材在电阻炉中加热至高于实验温度 10℃左右，并且保温 10min；第三步，取出板料进行一次单向压弯变形，然后进行压平变形，再放回电阻炉加热，在相应温度下保温 2min；第四步，再次取出板料，在板料第一次压弯位置进行反向第二次压弯变形，然后进行压平变形。正反两次压弯属于一个道次。在不同温度下如此进行多个道次的实验操作。

拉伸试验：分别以不同变形温度、不同压弯道次的镁合金板材为研究对象，在室温（25℃）下对拉伸试样进行轴向加载，拉伸试样标距部分尺寸为 15mm（长）×5mm（宽）。测定指标有抗拉强度、屈服强度、伸长率等。

（2）微观组织特征

镁合金板材在第一次压弯变形时，其板材压弯内侧与外侧所受的应力形式不同，所以导致其变形后板材内外侧的显微组织不同。当变形温度为 443K 时，板材复合变形 1 道次后，板材横截面的外侧、中心、内侧的微观组织如图 5.7 所示。从图 5.7（b）中可以看出，板

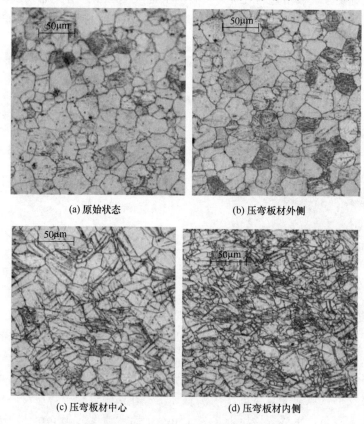

(a) 原始状态   (b) 压弯板材外侧

(c) 压弯板材中心   (d) 压弯板材内侧

图 5.7 双向压弯板材不同位置微观组织

材外侧微观组织变化不明显，主要是因为在压弯变形板材的外侧，只有少量孪晶。从图 5.7 (c) 可以发现，在板材中心层出现部分孪晶，但是所占的比例较小。从图 5.7 (d) 可以发现，在压弯变形板材的内侧经过一次压弯后已经出现大量孪晶，这主要是由镁合金晶粒结构的特征所决定的。在板材内侧，由于垂直于 c 轴的压应力，使拉伸孪晶容易产生，而外侧受垂直于 c 轴的拉应力，则不易产生拉伸孪晶。

图 5.8 所示为在不同温度下，复合变形 1 个道次后 AZ31 镁合金板材的微观组织。从图 5.8 可以发现，在变形温度为 443K 和 483K 条件下，复合变形 1 个道次，镁合金微观组织中产生了明显的孪晶组织，而在变形温度为 523K 压弯时，孪晶组织不明显。随着变形温度的升高孪晶组织的所占比例也发生变化。当变形温度为 483K 时，孪晶组织的比例最大，这主要是由于镁合金在 483K 温度以下变形时，其柱面和锥面滑移系不容易启动，主要是由基面 {0001} 滑移与拉伸孪晶来协调变形过程，孪生为主要变形机制。随着变形温度的升高，柱面和锥面滑移系的临界剪切应力降低，从而取代孪生，位错的滑移成为主要的变形机制。

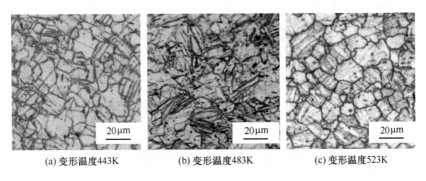

(a) 变形温度443K (b) 变形温度483K (c) 变形温度523K

图 5.8　不同温度下复合变形 1 个道次 AZ31 镁合金微观组织

镁合金在低温条件下塑性变形过程中，变形机制只有基面 {0001} 滑移、柱面 {10$\bar{1}$0} 滑移、锥面 {10$\bar{1}$1} 滑移和 {10$\bar{1}$2} 孪生四种形式。而柱面滑移和锥面滑移在较低温度下的临界剪切应力很高，并且滑移系的启动速度远小于孪生变形而无法被激发。因此，在较低温度变形过程中，仅有孪生和基面滑移起主导作用。当塑性变形的方式不利于镁合金晶粒发生滑移的时候，孪生变形成为镁合金变形不可缺少的一种方式。而且当变形温度过低时，位错间难以通过滑移而实现重组，变形过程中动态再结晶也不易发生，此时孪生变形方式对塑性变形的贡献较大。虽然孪晶的存在引起的变形量不是很大，但是孪生的作用在于调整晶粒的取向并释放晶粒内应力的集中，激发其他滑移系的启动使其进一步滑移，使滑移和孪生交替进行，这样就能获得较大的变形量。

（3）再结晶行为

在粗晶镁合金中，基于孪生的动态再结晶过程可以分为三个阶段：①孪晶界的形成；②孪晶界转变成普通晶界；③伴随着塑性变形的局部晶界迁移，孪生动态再结晶发生时，新晶粒的形核可以通过初级孪晶和次级孪晶之间的相互作用实现。

AZ31 镁合金板材不同温度下复合变形 3 个道次，其微观组织如图 5.9 所示。从图 5.9 (a) 中可以发现，变形温度为 483K 时原来大部分孪晶区域带被细小的再结晶晶粒所代替，平均晶粒尺寸为 12.2μm。从图中可以看出，孪晶与晶界交叉处是动态再结晶的主要形核位置。孪晶与孪晶之间的交叉形成由两对孪晶界包围的矩形区域，镁合金的动态再结晶组织在该处形核、长大。其中动态再结晶晶粒以孪晶的孪晶界为界，再结晶晶粒尺寸不超过孪晶宽度。当镁合金板材的复合变形量进一步增加时，晶粒显微组织表现出"项链"结构，新的再结晶晶粒趋向于环绕在原始大晶粒晶界周围。

图5.9（b）为变形温度为523K时AZ31镁合金的微观组织，从图中可以发现，在原有晶粒组织的基础上，也出现了少量细小的再结晶组织。但是在变形温度为523K时再结晶组织主要出现在晶界处，再结晶效果不明显。说明在变形温度较低时，复合变形后，压弯凹面与凸面相互交替，从而孪晶交替出现，再结晶组织在孪晶交叉处优先形核，从而细化了镁合金组织。

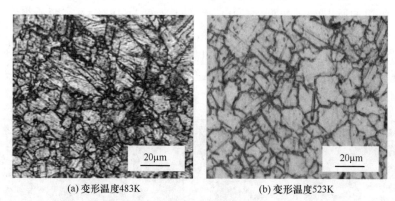

(a) 变形温度483K   (b) 变形温度523K

图5.9　不同温度下复合变形3个道次AZ31镁合金微观组织

5.4　镁合金板材压弯-压平复合变形后的织构

对试样进行X射线检测，AZ31镁合金板材变形前的基面 {0001} 极图如图5.10（a）所示。从图中可以看出，没有经过变形的镁合金板材基面 {0001} 取向聚集在板材轧制平面上，显示出其基面织构明显，其最大织构强度为9.59。经过变形温度为443K，复合变形1个道次后，其基面织构得到了明显弱化，如图5.10（b）所示，最大织构强度为3.54，并且沿着横向和轧制方向发散。主要原因是在变形温度为443K时，镁合金的柱面滑移系与锥面滑移系不容易启动，主要由基面滑移与拉伸孪晶协调变形，孪生起到改变晶粒取向的作用，

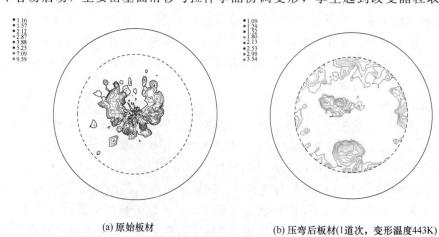

(a) 原始板材   (b) 压弯后板材(1道次，变形温度443K)

图5.10　AZ31镁合金板材基面 {0001} 极图

使 c 轴发生转变，起到弱化织构的作用。

当变形温度为 483K，经过多个道次的复合变形后，镁合金板材的基面 {0001} 极图如图 5.11 所示，其中复合变形 1 个道次后织构分布如图 5.11（a）所示，最大织构强度为 5.03。复合变形 3 个道次后织构分布如图 5.11（b）所示，最大织构强度为 3.50。复合变形 7 个道次后织构分布如图 5.11（c）所示，最大织构强度为 9.50。由此说明，随着复合变形次数的增加，镁合金板材的基面织构也随之弱化。在变形温度为 523K 的条件下，复合变形 7 个道次后，与原始板材相比［见图 5.10（a）］，镁合金基面织构变化不明显，如图 5.11（c）所示。

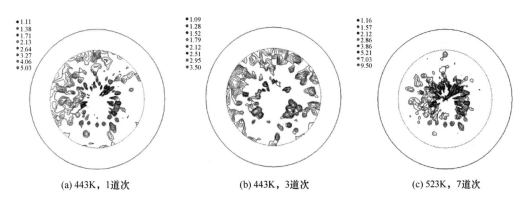

(a) 443K，1道次　　　　(b) 443K，3道次　　　　(c) 523K，7道次

图 5.11　复合变形后镁合金板材基面 {0001} 极图

原始板材基面织构较强，主要是因为镁合金板材在热轧制过程中，经过多道次轧制积累而形成。密排六方结构的镁合金晶粒的 c 轴垂直于轧制方向与横向（RD-TD）。在变形温度低于 483K 时的复合变形过程中，压弯凹面晶粒受垂直于 c 轴的压应力作用，在变形过程中易于产生$\{10\bar{1}2\}$拉伸孪晶。压弯凸面晶粒受垂直于 c 轴的拉应力作用，在一定情况下比较容易产生压缩孪晶，如$\{10\bar{1}1\}$的孪晶。在复合变形过程中，拉伸孪晶与压缩孪晶交替产生，在形成的交叉孪晶区内产生的动态再结晶晶粒取向随机分配。所以当变形温度为 483K、压弯 3 个道次后，AZ31 镁合金板材的基面织构得到明显弱化。而在变形温度为 523K 下，柱面滑移已经开启，所以孪晶变形不再起主导作用，孪生量少，晶粒取向变化小，所以织构降低的强度相对较弱。

图 5.12 为 AZ31 镁合金板材在不同条件下的基面 {0001} 极图，从图中可以看出，没

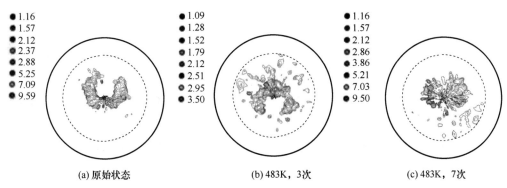

(a) 原始状态　　　　(b) 483K，3次　　　　(c) 483K，7次

图 5.12　AZ31 镁合金板材在不同条件下基面 {0001} 极图

有经过变形的镁合金板材基面 {0001} 织构明显，其最大织构强度为 9.8，经过 483K 循环压弯 3 个道次后，其基面织构得到了明显弱化，最大织构强度为 5.75，并且沿着横向和轧制方向发散。经过 483K 压弯 5 个道次，基面织构强度也得到了相应地降低，其最大织构强度为 8.99。

5.5 粘塑性自洽模型（VPSC）预测织构

（1）粘塑性自洽模型（VPSC）介绍

VPSC 是 Visco Plastic Self Consistent 的简写，是基于滑移和孪晶的物理剪切机制，并且在计算中考虑了晶粒之间的相对作用，除此之外，它还提供了宏观应力应变关系，计算单个晶粒变形过程中的硬化系数、再定位与形状变化。因此，它能够预测塑性成形过程中加工硬化、织构的变化规律。这个模型能够应用于金属、金属间化合物等的仿真研究。

在 VPSC 模型中，假设性质不均匀的晶粒被镶嵌在一个均匀介质包围的环境中，并且该晶粒与均匀等效介质是互换的。均匀等效介质有各向同性的力学性能，有恰当的弹性模量，也可以把它作为一个真实的非均匀性质材料为其提供相应的应力应变响应。这个模型能够单独研究各个晶粒的行为，因此这个模型能够很好地描述由有限滑移模型导致的密排六方结构的各向异性。

（2）AZ31 镁合金材料数据库的建立

在有限元模拟中，需要建立相应材料的一系列的材料数据库，其中最主要的材料性能就是在不同温度与不同应变速率条件下的应力-应变关系。由于通常镁合金都是在变形温度 250℃ 以上进行加工，在 AZ31 镁合金的材料数据库中，在变形温度 250℃ 以下时的材料性能和对应本构关系是个空白，没有相应数据。因此研究 AZ31 镁合金在变形温度 250℃ 以下时的成形性能，建立相应条件下的材料性能数据库是有必要的。

AZ31 镁合金板材在 RD 和 ND 方向上的真实应力-应变曲线见图 5.13，变形温度分别为 170℃、210℃、250℃，应变速率分别为 $0.1s^{-1}$、$0.01s^{-1}$、$0.001s^{-1}$，压缩变形方向分别为平行板材轧制方向（RD）与平行板材厚度方向（ND）。

模拟前处理设定：

① 变形体网格划分：由于板材为标准长方体结构，结构简单，所以采用四边形单元。

② 材料特性定义：实验所用 AZ31 镁合金为弹塑性材料，应力-应变曲线、比热容、热导率、热膨胀系数、泊松比、杨氏弹性模量等都需要自行定义。其中，定义质量密度为 $1.77×10^3 kg/m^3$、泊松比为 0.35；杨氏弹性模量、热膨胀系数、比热容、热导率随温度变化规律如图 5.14 所示。

③ 其他条件定义：在整个变形过程中，板材和模具之间的摩擦系数设定为 0.3，上模压下速度为 10mm/s，板材压弯变形温度分别为 170℃、210℃、250℃。

分别提取不同温度下，两个节点在整个过程中的两个应变分量，即 x 方向应变与 y 方向

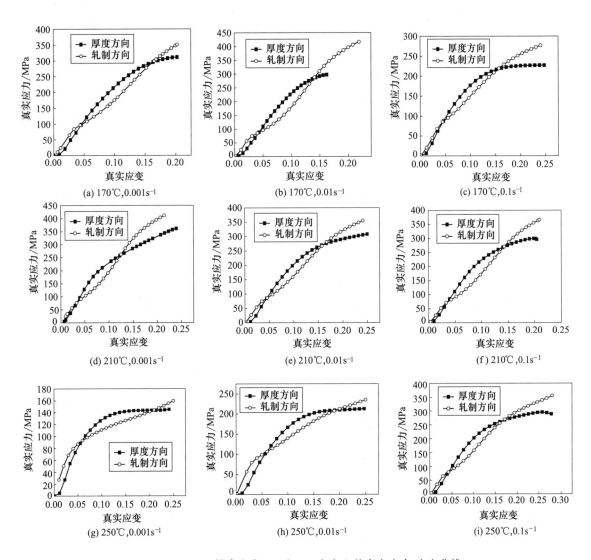

图 5.13　AZ31 镁合金在 RD 和 ND 方向上的真实应力-应变曲线

应变与随变形时间的关系，如图 5.15 所示。可以看出，在复合变形过程中，板材外侧节点 117 的第一应变分量随时间的增加沿正值不断增大，第二应变分量随时间的增加沿负值不断增大。板材内侧节点 353 的第一应变分量随时间的增加沿负值不断增大，第二应变分量随着时间增加沿正值不断增大，变化规律恰好与节点 117 相反。

在已知节点的两个应变分量随时间变化的基础上，进而计算 $\partial \varepsilon_{xx}/\partial t$ 和 $\partial \varepsilon_{yy}/\partial t$ 两个边界条件，其随时间的变化曲线如图 5.16 所示。

（3）粘塑性自洽模型（VPSC）预测织构转变

粘塑性自洽模型在计算前需要定义材料在微观组织中的几个滑移系，根据本书研究的镁合金板材的组织与性能，确定在计算过程中只考虑四个滑移，其分别为基面滑移系、柱面滑移系、锥面滑移系和拉伸孪晶，其示意图如图 5.17 所示。

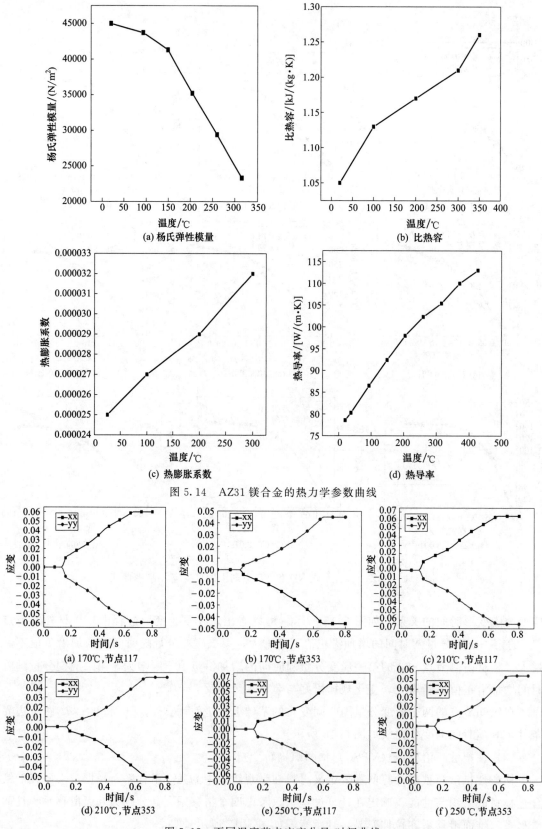

图 5.14　AZ31 镁合金的热力学参数曲线

图 5.15　不同温度节点应变分量-时间曲线

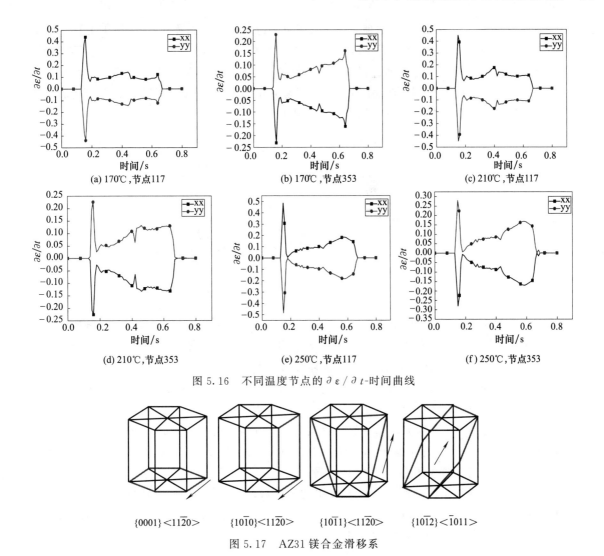

图 5.16   不同温度节点的 $\partial \varepsilon / \partial t$-时间曲线

$\{0001\}\langle 11\bar{2}0\rangle$ $\{10\bar{1}0\}\langle 11\bar{2}0\rangle$ $\{10\bar{1}1\}\langle 11\bar{2}0\rangle$ $\{10\bar{1}2\}\langle \bar{1}011\rangle$

图 5.17   AZ31 镁合金滑移系

  根据其变形温度的不同，不同滑移系的开启能力不同，选取 AZ31 镁合金的参数分别为各个滑移系的初始临界剪切力 g_0、稳态临界剪切应力 g_1、初始硬化率 θ_0、最终硬化率 θ_1，其数值如表 5.2 所示。

表 5.2   AZ31 镁合金滑移系及相关参数

变形温度/℃	滑移系	g_0	g_1	θ_0	θ_1
170	基面滑移	13	15	40	30
	柱面滑移	125	15	70	6
	锥面滑移	300	30	100	5
	拉伸孪晶	50	30	0.5	0
210	基面滑移	13	15	40	1
	柱面滑移	52	10	70	−7
	锥面滑移	200	15	40	2
	拉伸孪晶	45	10	0.5	0
250	基面滑移	13	15	40	−6
	柱面滑移	20	10	70	−12
	锥面滑移	100	10	10	0
	拉伸孪晶	80	10	10.5	0

原始板材织构极图如图 5.18 所示。未变形的 AZ31 镁合金原始板材平行于板材平面的基面织构 {0001} 较强，其柱面分布基本与镁合金晶粒的六个柱面方位一致。这主要因为原始板材经过多道次轧制，在轧制过程中垂直于镁合金晶粒 c 轴压缩的力，使镁合金晶粒 c 轴发生 86.3°旋转，所以使 c 垂直于轧制方向，即晶粒的基面 {0001} 面聚集平行于轧面，经过多次积累，使镁合金板材形成了强烈的基面织构。

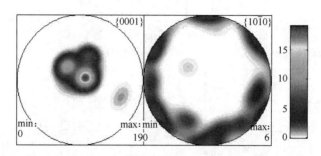

图 5.18　AZ31 镁合金原始板材织构极图

在有限元模拟镁合金板材压弯变形工艺的过程中，弯曲内侧的组织受垂直于 c 轴压缩的应力，弯曲外侧的组织受垂直于 c 轴拉伸的应力。由于镁合金为密排六方晶体结构，其 $c/a = 1.623$，小于临界值 $\sqrt{3}$，所以在垂直于 c 轴压缩时，容易产生 $\{10\bar{1}2\}\langle10\bar{1}1\rangle$ 锥面孪生行为，垂直于 c 轴拉伸，则不易产生孪晶，如图 5.19（a）、（b）所示。图 5.19（a）为板材弯曲时压弯外侧节点，其基面织构不仅没有降低，反而比原始板材的基面织构增强。据分析，这是由于在变形温度 170℃条件下，非基面滑移系滑移启动需要的临界剪切力非常大，所以不容易启动，如图 5.20（a）所示。在这种情况下，只有基面滑移系的启动和拉伸孪晶能协调部分变形。但是，弯曲外侧不利于织构的减弱，只能使非垂直于板材平面的 c 轴晶粒发生孪晶，使其垂直于板材平面，所以这样不仅织构不能减弱，反而加强。如图 5.19（b）所示，板材内侧所受的力的形式有利于发生孪晶，所以发生孪晶的晶粒取向发生转变，由原来的垂直于板材平面转到平行于板材平面，并且织构最大强度较原始板材的最大强度明显降低，有效弱化了基面织构。

如图 5.19（c）、（d）所示，其为变形温度 210℃时，压弯板材外侧节点与内侧节点织构分布图。其内侧和外侧织构都有所弱化，并且弱化效果比变形温度为 170℃的弱化效果好，但是压弯内侧弱化效果比压弯外侧的弱化效果更好。通过分析，主要是因为拉伸孪晶随着变形温度的升高更容易启动，并且变形温度在 210℃的条件下，基面滑移与孪晶还是占主导地位。如图 5.20 所示为不同温度下镁合金在变形过程中不同滑移系的启动情况。变形温度为 170℃与 210℃时，变形初期还是以基面滑移的启动和拉伸孪生的方式来协调变形，但是随着拉伸孪晶的比例逐渐降低，柱面滑移系逐渐升高，这主要是因为孪生变形改变了晶粒取向，使原来不利于柱面滑移系启动的晶粒转向利于其启动的方向，所以柱面滑到变形后期逐渐占了协调变形的主导地位。在变形温度 210℃的情况下，除了柱面滑移系的启动，锥面滑移也随着孪晶的减少而启动，如图 5.20（b）所示。

变形温度升高到 250℃时，可以看出，织构变化不明显，如图 5.19（e）、（f）所示。其基面织构强度与原始板材的基本一样。这是由于，在变形温度 250℃时，虽然拉伸孪晶临界启动值较变形温度 170℃与 210℃降得更低，但其柱面滑移已经占了主导地位。如图 5.20（c）所示，在变形过程中，柱面滑移系和基面滑移系一直在整个滑移系中起的作用最大，拉伸孪晶基本上没有启动,这个过程主要由位错的滑移来协调变形。

所以,经比较分析,可以看出,变形温度在 170℃ 与 210℃ 条件下,对镁合金板材进行压弯变形,能够有效弱化板材的基面织构。尤其是变形温度为 210℃ 条件下,压弯板材内侧和外侧的织构都有所降低,其中压弯板材内侧的板材织构降低程度高于板材外侧。当变形温度为 250℃ 以上时,压弯变形对镁合金板材织构的影响不明显。

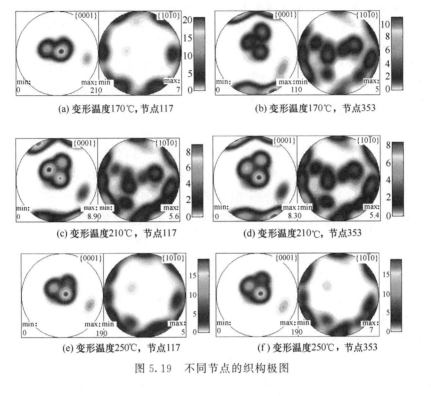

(a) 变形温度170℃,节点117   (b) 变形温度170℃,节点353

(c) 变形温度210℃,节点117   (d) 变形温度210℃,节点353

(e) 变形温度250℃,节点117   (f) 变形温度250℃,节点353

图 5.19   不同节点的织构极图

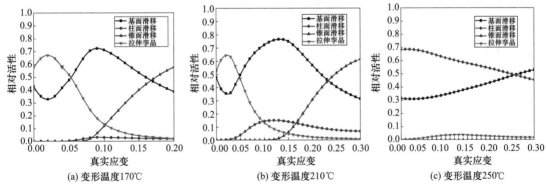

(a) 变形温度170℃   (b) 变形温度210℃   (c) 变形温度250℃

图 5.20   不同变形温度下滑移系启动曲线

5.6   AZ31 镁合金复合变形后力学性能

如图 5.21,给出了 4 组压弯-压平复合变形后的镁合金板材室温下拉伸性能曲线,拉伸试样标距为 20mm,宽为 4.5mm,应变速率为 $0.01s^{-1}$。从图中可以看出,变形温度为

443K、变形道次为 1 次时的试样伸长率最差，约为 8.1%，但抗拉强度有所提高。当变形温度在 483K 下变形道次为 3 次时，其伸长率为 17.1%，较原始试样提高了约 42%。当变形温度为 523K 变形道次为 7 次时试样的伸长率有所提高，为 14.5%。主要是由于变形温度在 443K 与 523K 进行循环压弯的过程中，都发生了动态再结晶，其晶粒有所细化，提高了板材的伸长率。

对于 AZ31 镁合金板材，当压弯变形工艺参数在 210℃、压弯道次为 3 次时，AZ31 镁合金板材室温伸长率由 12.4% 提高到 17.1%，提高了 42%。

根据以上研究结果，得到以下结论。

① 当在变形温度为 210℃ 时，压弯-压平复合变形后的 AZ31 镁合金板材的织构弱化效果明显，在变形温度 250℃ 以上条件下进行压弯-压平复合变形时，其板材织构变化不明显。

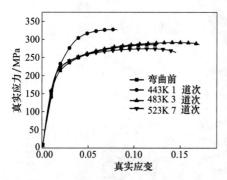

图 5.21　AZ31 镁合金不同变形条件下的拉伸性能曲线

② 在变形温度 170℃ 和 210℃ 时，变形初期拉伸孪晶先启动，随后基面滑移再启动，在 210℃ 时变形后期柱面滑移系开始启动并且织构弱化效果最明显。

③ 在变形温度 250℃ 时，主要启动的滑移系为基面滑移系和柱面滑移系，拉伸孪晶很少，织构基本不变。

④ 在变形温度 210℃ 时，进行压弯-压平复合变形 3 个道次后，其大部分组织发生动态再结晶，再结晶区域在孪晶与孪晶的交界处，晶粒尺寸小于孪晶宽度，呈"链条状"，整体晶粒得到细化，基面织构减弱。

⑤ 复合变形后的镁合金，室温伸长率 17.1%，较原始试样的室温伸长率 12.4% 相比，提高了 42%。其基面织构最大织构强度由 9.80 降到了 5.75。

⑥ AZ31 镁合金在 RD 方向上进行压缩，在塑性变形的硬化阶段，应力与应变的变化梯度随应变的增大而增大，这样的应力-应变曲线定义为硬化延迟的应力-应变关系。

⑦ 硬化延迟的主要原因是变形初期由孪生主导协调变形，延迟了因位错的聚集产生的硬化。在变形温度为 443K 和 483K 时，主要由孪晶来协调变形，并且在孪晶带附近产生了最初的再结晶晶粒；在变形温度为 523K 时，最初再结晶晶粒产生在晶界处。

第6章
镁合金板材压痕-压平复合变形理论

6.1 压痕-压平复合变形技术特征

（1）压痕-压平复合变形定义

激烈切向变形是指板材在塑性变形过程中产生大的切向变形或者大的切向应变速率。激烈切向变形可以实现孪生诱发再结晶及织构弱化，有效改善镁合金板材各个方向上的孪晶组织及织构分布，进而提高镁合金板材的力学性能和室温变形性能。

产生激烈切向变形的方法有压痕-压平复合变形技术、滚压-轧制复合变形技术、压弯-压平复合变形技术、滚弯-轧制复合变形技术。

镁合金板材经过压痕变形（称为一次变形），加工出波形坯料；再经过压平变形（称为二次变形），加工出性能更加优良的镁合金板材，这种变形过程定义为压痕-压平复合变形工艺。压痕-压平复合变形工艺原理及变形参数定义见图 6.1（a）。

镁合金板材经过压痕变形可以产生激烈切向变形，能够加剧镁合金材料压缩变形区域的动态再结晶发生，可以产生更多的孪晶组织、更多的滑移系，有利于细化晶粒和弱化基面织构，明显提高镁合金板材成形性能。经过一次变形后的镁合金板材，在拉伸变形区的动态再结晶发生很少。再经过压平变形，可以使一次变形过程中的拉伸变形区域产生压缩变形，弥补了在一次变形过程中的动态再结晶发生的不均匀性。经过两次变形（称为复合变形）可以改善镁合金材料动态再结晶发生的均匀性，实现细化晶粒和弱化基面织构，提高镁合金板材变形性能和力学性能。

压痕-压平复合变形参数定义：压痕-压平复合变形工艺参数包括变形温度（T）、波形齿间距（s）、复合变形压下量（h）、压下速度（V）。复合变形系数 $\lambda = h/s$，如图 6.1（b）所示，它表示复合变形时的综合变形程度，复合变形系数越大（最大值为 1），综合变形程度越大。变形压下率 $\Phi = h/t_0$，t_0 为坯料初始厚度。变形压下率（Φ）能够表征复合变形时厚度方向的变形程度，而复合变形系数（λ）能够表征切向变形强度以及变形区域大小的参数。显然，复合变形效应与变形压下率、复合变形系数都成正比关系，所以，用 $\varepsilon = \lambda\phi = h^2/(st_0)$ 来表征复合变形综合变形程度。

（2）压痕-压平复合变形技术作用

压痕-压平复合变形产生的激烈切向变形加剧了动态再结晶发生，可以产生更多的孪晶组织、更多的滑移系，有利于细化晶粒和弱化基面织构，提高变形性能。压痕-压平复合变形可以有效改善镁合金板材横向、厚度方向、径向方向上的受力情况及材料流动，克服了交叉轧制、异步轧制、往复弯曲等变形方法的不足，不仅可以进一步改善镁合金板材径向方向

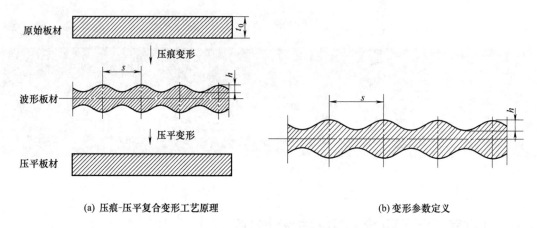

(a) 压痕-压平复合变形工艺原理　　　　　　　　(b) 变形参数定义

图 6.1　压痕-压平复合变形工艺原理及变形参数定义

上的孪晶组织及织构，还可以改善板材横向和厚度方向上的孪晶组织及织构。

压痕-压平复合变形工艺金属流动规律见图 6.2。

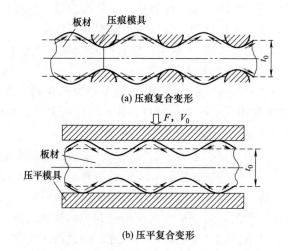

(a) 压痕复合变形

(b) 压平复合变形

图 6.2　压痕-压平复合变形工艺金属流动规律

（3）压痕-压平复合变形应力-应变状态

在压痕变形时，变形区的不同质点的应力状态与应变状态不同，见图 6.3（a），在 P 点受两向压应力，在板材径向方向上是拉伸应变，在板材厚度方向上是压缩应变。而在 W 点也受两向压应力，而在板材径向方向上是压缩应变，在板材厚度方向上是拉伸应变。变形区内同一点再经过压平变形时，它们的应变状态恰好相反，见图 6.3（b）。

（4）压痕-压平复合变形机制

AZ31 镁合金压痕-压平复合变形晶粒细化的机制是材料发生压缩变形→孪晶组织形成→发生动态再结晶→孪晶消失→晶粒细化的组织演变过程，形成分布均匀的细小的晶粒组织。

AZ31 镁合金压痕—压平复合变形织构弱化机理是：晶粒取向垂直（或平行）→晶粒取向偏转→晶粒取向紊乱→织构弱化。

晶粒取向偏转角度与变形量有关系（图 6.4），在大的切向变形区域，晶粒偏转角度90°；在小的切向变形区域，晶粒偏转角度小于90°；经过多次反复压痕-压平复合变形，晶

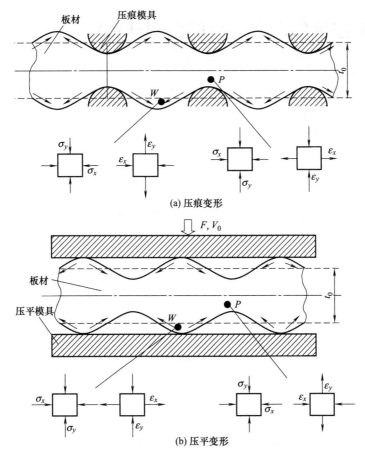

(a) 压痕变形

(b) 压平变形

图 6.3 压痕-压平复合变形技术应力与应变状态

粒取向处于无序状态，降低了织构强度，弱化了织构。

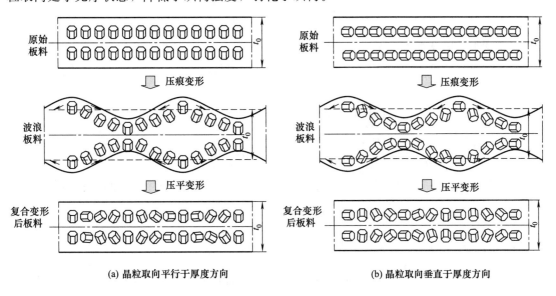

(a) 晶粒取向平行于厚度方向   (b) 晶粒取向垂直于厚度方向

图 6.4 压痕-压平复合变形过程中晶粒取向演变规律

6.2　压痕-压平复合变形力能参数计算模型

（1）压痕变形

图 6.5（a）为压痕变形力能参数计算几何模型。采用主应力法求解塑性变形力，忽略摩擦力，则可以得到应力平衡微分方程式，见式（6.1）。

$$-\sigma_x[2h_1+2R_0(1-\cos\theta)]b+(\sigma_x+\mathrm{d}\sigma_x)\{2h_1+2R_0[1-\cos(\theta+\mathrm{d}\theta)]\}b$$
$$-2\sigma_r R_0\mathrm{d}\theta\cdot\sin\left(\theta+\frac{\mathrm{d}\theta}{2}\right)b=0 \tag{6.1}$$

式中，b 为板材宽度；其他参数见图 6.5（a）。

设 $\cos(\theta+\mathrm{d}\theta)\approx\cos\theta$，$\sin(\theta+\mathrm{d}\theta/2)\approx\sin\theta$，$H_1=2h_1$，$H_0=2h_0$。将式（6.1）整理，可以得到式（6.2）。

$$\mathrm{d}\sigma_x[h_1+R_0(1-\cos\theta)]-\sigma_r R_0\mathrm{d}\theta\sin\theta=0 \tag{6.2}$$

根据塑性条件 $\sigma_x-\sigma_r=\sigma_s$，可以得到 $\mathrm{d}\sigma_x=\mathrm{d}\sigma_r$，代入式（6.2），可以得到式（6.3）。

$$\frac{\mathrm{d}\sigma_r}{\sigma_r}=\frac{R_0\mathrm{d}\theta\sin\theta}{h_1+R_0(1-\cos\theta)} \tag{6.3}$$

对式（6.3）经过积分，得到式（6.4）。

$$\sigma_r=\mathrm{e}^C[h_1+R_0(1-\cos\theta)] \tag{6.4}$$

根据边界条件可以得到 $\sigma_r|_{\theta=\alpha}=-\sigma_s$，则：

$$\frac{-\sigma_s}{h_1+R_0(1-\cos\alpha)}=\mathrm{e}^C \tag{6.5}$$

将式（6.5）代入式（6.4），可以得到式（6.6）和式（6.7）。

$$\sigma_r=\frac{-\sigma_s[h_1+R_0(1-\cos\theta)]}{h_1+R_0(1-\cos\alpha)} \tag{6.6}$$

$$\sigma_x=\sigma_r+2K=\sigma_s\left[1-\frac{h_1+R_0(1-\cos\theta)}{h_1+R_0(1-\cos\alpha)}\right] \tag{6.7}$$

压痕变形总的变形力，见式（6.8）。

$$\mathrm{d}F=\sigma_r R_0\mathrm{d}\theta\cos\left(\theta+\frac{\mathrm{d}\theta}{2}\right)b$$

$$F=2\int_0^\alpha\sigma_r R_0\mathrm{d}\theta\cos\left(\theta+\frac{\mathrm{d}\theta}{2}\right)b=2\int_0^\alpha\sigma_r R_0 b\cos\theta\mathrm{d}\theta$$

$$F=\frac{2\sigma_s R_0 b}{h_1+R_0(1-\cos\alpha)}\left[(h_1+R_0)\sin\alpha-\frac{1}{2}R_0\alpha-\frac{1}{4}R_0\sin2\alpha\right] \tag{6.8}$$

根据几何关系，可以得到 $h_0=h_1+R_0$（$1-\cos\alpha$），则由式（6.8），可以得到式（6.9）。

$$F=\frac{2\sigma_s R_0 b}{h_0}\left[(h_0+R_0\cos\alpha)\sin\alpha-\frac{1}{2}R_0\alpha-\frac{1}{4}R_0\sin2\alpha\right] \tag{6.9}$$

设压痕模具齿数 n，则总变形力为见式（6.10）。

$$F=\frac{2n\sigma_s R_0 b}{h_0}\left[(h_0+R_0\cos\alpha)\sin\alpha-\frac{1}{2}R_0\alpha-\frac{1}{4}R_0\sin2\alpha\right] \tag{6.10}$$

式中，R_0 为压痕模具齿半径；α 为压下半角（弧度值），$\cos\alpha=1-\Delta H/R_0$；$\Delta H$ 为单面压下量；H_1 为压下后板材厚度，$H_1=2h_1$，$h_1=(H_0-2\Delta H)/2$；H_0 为初始板材厚度，

$H_0 = 2h_0$；b 为板材宽度；n 为凸齿个数；σ_s 为材料流变应力，MPa。AZ31 镁合金材料的流变应力由式（6.11）确定。

$$\dot{\varepsilon} = 5.718 \times 10^{20} \left[\sinh(0.0081\sigma_s) \right]^{9.13} \exp\left(-\frac{252218}{RT} \right) \tag{6.11}$$

在本书实例中，镁合金板材宽度 $b = 50\text{mm}$，$H_0 = 7.0\text{mm}$，$R_0 = 4.0\text{mm}$，屈服极限 σ_s 为 80MPa。单面压下量 ΔH 分别为 0.5mm、0.8mm、1mm。压痕变形力能参数理论计算结果与实验结果比较见图 6.5（b）。本书得到的模型计算结果与实验结果相吻合，相对误差小于 11.5%。

根据式（6.10）和式（6.11），可以看出，影响复合变形力能参数的因素主要有变形温度（T）、波形齿间距（s）、复合变形压下量（$2\Delta H$）。复合变形系数 $\lambda = 2\Delta H / s$。

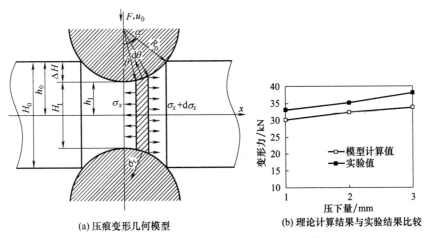

(a) 压痕变形几何模型　　(b) 理论计算结果与实验结果比较

图 6.5　压痕变形力能参数计算几何模型及计算结果

（2）压平变形

图 6.6（a）为压平变形原理图。根据主应力法，可以得到压平变形时塑性变形力的计算公式。

根据应力平衡方程式，可以得到

$$(\sigma_x + d\sigma_x)Hb - \sigma_x Hb + 2\tau dx b = 0 \tag{6.12}$$

整理得到：

$$\frac{d\sigma_x}{dx} = -\frac{2\tau}{H} \tag{6.13}$$

根据塑性条件：$\sigma_x - \sigma_y = 2K$，得到：

$$d\sigma_x = d\sigma_y$$

当摩擦条件：$\tau = \mu\sigma_y$，代入式（6.13）中，得到：

$$\frac{d\sigma_y}{\sigma_y} = -\frac{2\mu}{H}dx \tag{6.14}$$

积分得到：

$$\sigma_y = Ce^{-\frac{2\mu}{H}x}$$

根据塑性条件：$\sigma_{xe} - \sigma_{ye} = 2K$，而 $\sigma_{xe} = 0$，所以 $\sigma_{ye} = -2K$。则 $\sigma_y \big|_{x=L/2} = \sigma_{ye} =$

$-2K$，L 为板材长度。

得到 $C=-2K\mathrm{e}^{\frac{\mu L}{H}}$，因此：

$$\sigma_y = -2K\mathrm{e}^{\frac{2\mu}{H}\left(\frac{L}{2}-x\right)} \tag{6.15}$$

压平变形总的变形力：

$$F_2 = 2\int_0^b \sigma_y b\,\mathrm{d}x = 2\int_0^b 2K\mathrm{e}^{\frac{2\mu}{H}\left(\frac{L}{2}-x\right)} b\,\mathrm{d}x$$

$$= 4KL\frac{H}{2\mu}\int_0^{L/2}\left[-\mathrm{e}^{\frac{2\mu}{H}\left(\frac{L}{2}-x\right)}\right]\mathrm{d}\left[\frac{2\mu}{H}\left(\frac{L}{2}-x\right)\right] = 4Kb\frac{H}{2\mu}\left[-\mathrm{e}^{\frac{2\mu}{H}\left(\frac{L}{2}-x\right)}\right]_0^{L/2}$$

整理得到：

$$F_2 = \frac{2KbH_1}{\mu}\left(\mathrm{e}^{\frac{\mu L}{H_1}}-1\right) \tag{6.16}$$

式中，最大剪切强度 $K=0.5\sigma_s$，σ_s 为材料流变应力，MPa，板材长度 $L=100\mathrm{mm}$，板材宽度 $b=50\mathrm{mm}$，压平变形后板材厚度 H_1。实验研究工作中，H_1 分别为 6mm、5.4mm、5mm，摩擦系数 $\mu=0.15$，材料屈服极限为 80MPa。压平变形力能参数理论计算结果与实验结果比较见图 6.6（b）。本书得到的模型计算结果与实验结果相吻合，相对误差小于 19.4%。

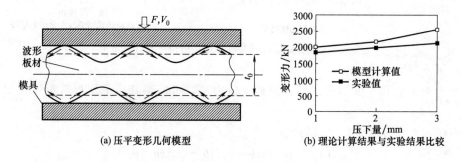

(a) 压平变形几何模型　　　　(b) 理论计算结果与实验结果比较

图 6.6　压平变形力能参数计算几何模型及计算结果

6.3　镁合金复合变形工艺参数优化

6.3.1　复合变形几何模型

复合变形工艺过程分为压痕变形和压平变形两步工序。压痕变形过程，实质就是镁合金板材在上下模具对齿作用下，向周围发生流动的过程。镁合金板材的压痕-压平复合变形几何模型如图 6.7 所示。

采用有限元数值软件进行数值模拟时，模具材料为热模具钢 H13。镁合金板材的厚度为 7mm，尺寸 100mm×100mm，压下量分别为 1mm、2mm、3mm，齿间距为 10mm，复合变形系数分别为 0.1、0.2、0.3。压下率分别为 14.3%、28.5%、43.2%。

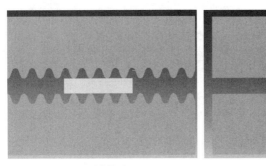 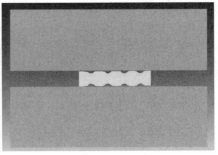

(a) 压痕模型　　　　　　　　　　　(b) 压平模型

图 6.7　镁合金板材压痕-压平复合变形几何模型

6.3.2　镁合金复合变形（平行齿）数值模拟

（1）变形温度对镁合金压痕变形的影响

图 6.8 为变形温度对镁合金压痕变形区温度场的影响，其中复合变形系数为 0.2。由于镁合金室温时滑移系较少，冷加工变形非常困难，因此，变形温度是影响镁合金塑性变形的关键因素之一。在变形过程中，当变形温度低于 225℃时，仅产生 $\{0001\}<11\bar{2}0>$ 基面滑移和 $\{10\bar{1}2\}<10\bar{1}1>$ 锥面孪生。当变形温度高于 225℃时，$\{10\bar{1}1\}$、$\{11\bar{2}1\}$ 等锥面滑移系就能够启动。不同变形温度压痕变形后的最高温度分别为 178.1℃、192.9℃、207.8℃，223.0℃，温度分别降低了 20.8%、22.8%、24.4%、25.7%，坯料初始温度越高，变形后温度也越高，下降幅度也越大，越有利于变形，并且利于第二步压平之前的回炉加热。

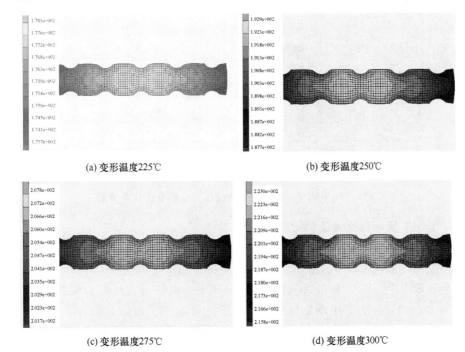

图 6.8　变形温度对镁合金压痕变形区温度场的影响（复合变形系数为 0.2）

图 6.9 为不同变形温度时镁合金压痕变形载荷计算结果。由计算结果可知，不同变形温度所需的最大压力分别为 7266.51N、7210.05N、7201.92N、7199.23N。变形温度越高，

所需的最大变形力越小。当变形温度为 225℃时，变形力最大，且明显高于其他变形温度，说明当温度高于该温度时，{10$\bar{1}$1}、{11$\bar{2}$1}等锥面滑移系才刚刚启动，或者部分启动，引起变形较难，当变形温度超过 275℃时，{10$\bar{1}$1}、{11$\bar{2}$1}等锥面滑移系完全启动，变形力随温度变形的升高逐渐降低。

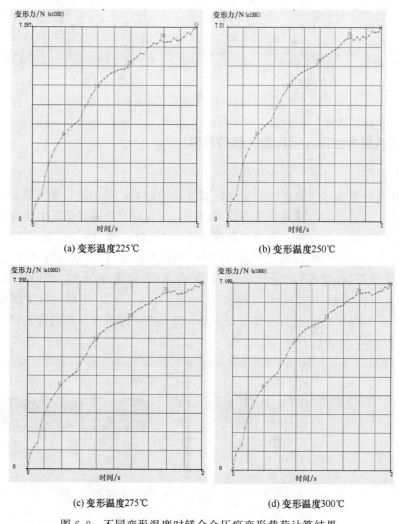

(a) 变形温度225℃   (b) 变形温度250℃

(c) 变形温度275℃   (d) 变形温度300℃

图 6.9 不同变形温度时镁合金压痕变形载荷计算结果

（2）压下率对镁合金压痕变形的影响

图 6.10（a）为不同压下率时镁合金压痕变形等效应变分布。当压下率为 43％时，变形量较大，产生的应变较大，并且表面还出现了畸变；当压下率为 14％时，变形量太小，很多地方甚至还未产生变形。图 6.10（b）为不同压下率时镁合金压痕变形的等效应力分布。当压下率为 43％时，应力集中现象较明显；当压下率为 14％时，有接近一半的区域还未明显受力。因此，在综合考虑变形效率和板材质量情况下，显然，板材的压下率为 28％左右相对比较合理。

（3）模具温度对镁合金压痕变形的影响

图 6.11 为不同模具温度时镁合金压痕变形温度场分布，模具温度分别为 25℃、100℃、150℃、200℃时，变形后坯料的最高温度分别为 153.4℃、177.2℃、192.9℃、208.5℃。

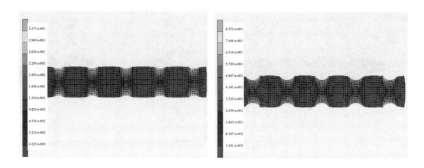

压下率14.3% 压下率28.5%

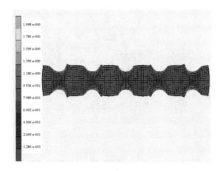

压下率43.2%

(a) 等效应变

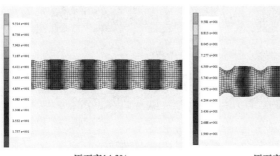

压下率14.3% 压下率28.5%

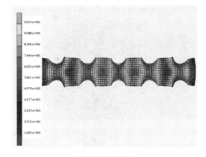

压下率43.2%

(b) 等效应力

图 6.10 不同压下率时镁合金压痕变形等效应变和等效应力分布

（4）压平变形工序

图 6.12 (a) 为经过平行齿模具压痕变形工序后的等效应力图，图 6.12 (b) 为经过压平变形工序后的等效应力图，压下率均为 28.5%。

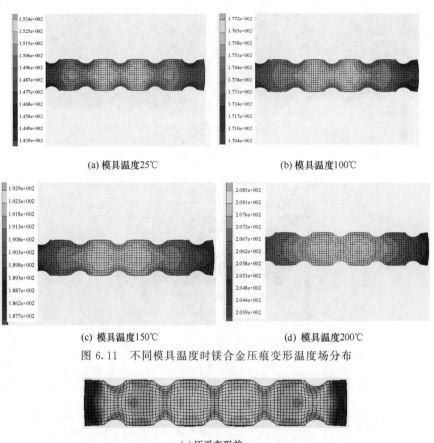

(a) 模具温度25℃　　　　　　　　(b) 模具温度100℃

(c) 模具温度150℃　　　　　　　　(d) 模具温度200℃

图 6.11　不同模具温度时镁合金压痕变形温度场分布

(a) 压平变形前

(b) 压平变形后

图 6.12　平行齿模具压平变形工序

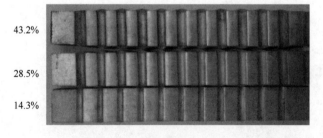

图 6.13　平行齿模具压痕变形后 AZ31 镁合金板材

压痕变形后的 AZ31 镁合金板材见图 6.13，压下率分别为 14.3％、28.5％、43.2％。压下率为 14.3％时，压痕较浅，变形量较小。压下率为 43.2％时，压痕过深，压痕边缘出现开裂迹象，板材表面质量受到严重影响。压下率为 28.5％时，板材表面质量没有缺陷。

实验结果与图 6.10 所示的数值模拟结果相吻合，说明数值模拟过程中的几何模型及相关参数设定是合理的。

6.3.3　镁合金复合变形（斜齿）数值模拟

（1）复合变形系数对镁合金压痕（斜齿）变形工艺影响

图 6.14（a）为不同复合变形系数时镁合金压痕（斜齿）变形的等效应变分布，图中可

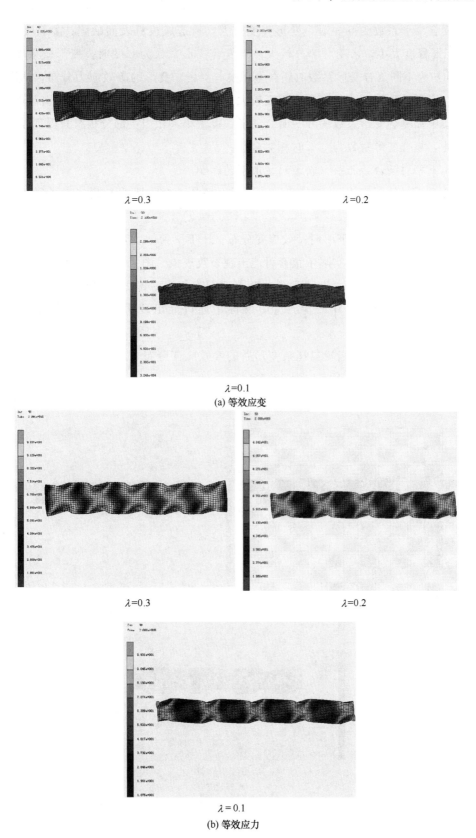

图 6.14　不同复合变形系数时镁合金压痕（斜齿）变形过程等效应变和等效应力分布

以看出，复合变形系数为 0.3 时，变形程度较大，易造成板材表面缺陷；复合变形系数为 0.1 时，变形程度太小，未变形部分较大；当复合变形系数为 0.2 时，变形效果相对合理。图 6.14（b）为不同复合变形系数时镁合金压痕（斜齿）变形的等效应力分布，从图中可以看出，复合变形系数为 0.3 时，变形程度较大，板材容易受到模具的挤压而引起严重变形，出现应力集中；复合变形系数为 0.1 时，变形程度太小，相当一部分板材只受到较小的力的作用。因此，复合变形系数为 0.2 时相对合理。

（2）压下率对镁合金压痕（斜齿）变形工艺影响

在镁合金板材的压痕-压平复合变形中，压下率是一个重要的参数，选择合适的压下率是保证产品质量的关键。

图 6.15（a）为不同压下率时等效应变分布。压下率为 14% 时，应变量较小。压下率为 43% 时，表面产生畸变，在实际中很有可能出现裂纹现象。图 6.15（b）为不同压下率时镁合金压痕变形等效应力分布。当压下率为 14% 时，有很大一部分受力较小。压下率为 43% 时，表面产生畸变，应力集中现象严重，实际中还可能出现边裂。综合考虑，压下率为 28% 较为合理。

图 6.16（a）为经过斜齿模具压痕变形后的等效应变分布，图 6.16（b）为经过压平变形工序后的等效应力图，压下率均为 28.5%。

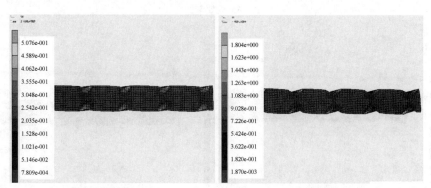

压下率14.3%　　　　　　　　　压下率28.5%

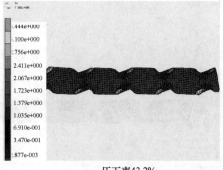

压下率43.2%

(a) 等效应变

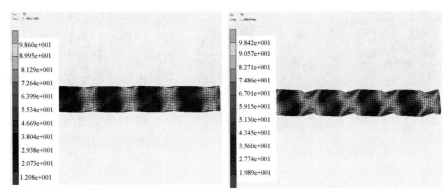

压下率14.3%　　　　　　　　　压下率28.5%

压下率43.2%
(b) 等效应力

图 6.15　不同压下率时镁合金压痕（斜齿）变形等效应变和等效应力分布

(a) 压痕变形后

(b) 压平变形后

图 6.16　斜齿模具压痕-压平复合变形后等效应力分布

　　图 6.17 为不同压下率时斜齿压痕变形后的镁合金板材，压下率分别为 14.3%、28.5% 和 43.2%。压下率为 14.3% 时，压痕较浅，变形量较小，压下率为 43.2% 时，压痕过深，压痕边缘出现开裂迹象，板材表面质量受到严重影响。

　　研究结果表明：

　　① 对于平行齿模具，压下率 14% 时应变量较小，很大部分并未受力；压下率为 43% 时表面产生畸变，并出现应力集中，因此压下率为 28.5% 时效果相对较好。

　　② 对于平行齿模具，模具温度 150℃，压下率为 28.5% 时，变形温度分别为 225℃、250℃、275℃ 和 300℃ 时，变形后板材的温度分别为 178.1℃、192.9℃、207.8℃、

图 6.17 交叉斜齿模具压痕变形后镁合金板材

223.0℃，所需的最大压力分别为 7266.51N、7210.05N、7201.92N、7199.23N，初始变形温度越高，变形后的板材的温度也越高，所需的最大压力越小。

③ 对于平行齿模具，镁合金变形温度 250℃，压下率为 28%，模具温度分别为 25℃、100℃、150℃ 和 200℃时，变形后坯料最高温度分别为 153.4℃、177.2℃、192.9℃、208.5℃。

（3）镁合金板材压痕-压平复合变形工艺参数

根据数值模拟结果，以及相应实验结果，分析了镁合金板材压痕-压平复合变形金属流动规律，优化了复合变形工艺参数，确定了镁合金板材压痕-压平复合变形合理工艺制度：压痕模具齿高为 2～3mm，复合变形系数为 0.2～0.3，变形温度为 250～300℃，保温时间 20min，模具温度 150～200℃，压下率为 28.5%。

6.4 镁合金板材复合变形装置研制

（1）镁合金板材复合变形装置

图 6.18 为多功能压痕-压平、压弯-压平复合变形模具结构。图 6.19 为多功能模具实物图。图 6.20 为镁合金板材压痕变形模具结构。

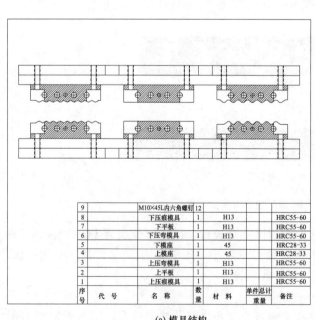

9		M10×45L内六角螺钉	12			
8		下压痕模具	1	H13	HRC55-60	
7		下平板	1	H13	HRC55-60	
6		下压弯模具	1	H13	HRC55-60	
5		下模座	1	45	HRC28-33	
4		上模座	1	45	HRC28-33	
3		上压弯模具	1	H13	HRC55-60	
2		上平板	1	H13	HRC55-60	
1		上压痕模具	1	H13	HRC55-60	
序号	代号	名称	数量	材料	单件总计 重量	备注

(a) 模具结构

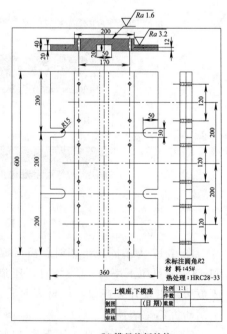

(b) 模具垫板结构

图 6.18 多功能压痕-压平复形变形模具总体结构

图 6.19　多功能复合变形模具实物图

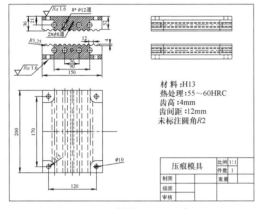

(a) 齿间距12mm,齿高4mm

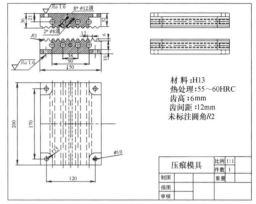

(b) 齿间距12mm,齿高6mm

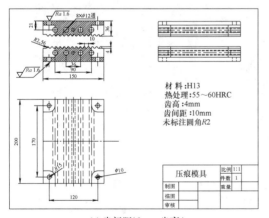

(c) 齿间距10mm,齿高4mm

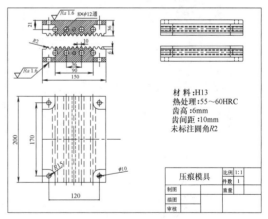

(d) 齿间距10mm,齿高6mm

图 6.20　镁合金板材压痕变形模具结构

（2）实验方法

实验步骤：①将电加热棒放入模具加热孔中，把模具工作部分压痕模具、压平模具加热到一定温度，并且保温一定时间；②把 AZ31 镁合金板材在加热炉中加热至预定变形温度，并且保温一定时间；③取出镁合金板材在模具上进行压痕变形；④对压痕变形后的镁合金材料进行压平变形，恢复镁合金板材的平整度；⑤重复以上操作，可以实现多个变形道次的复合变形过程。根据需要，可以在不同变形温度下进行多个变形道次的复合变形过程。

实验流程如图 6.21 所示。

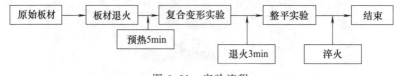

图 6.21　实验流程

6.5　镁合金复合变形后的微观组织

镁合金在复合变形过程中，由于动态再结晶及孪晶的产生导致晶粒取向改变，进而影响镁合金织构强度。通过复合变形过程中微观组织的分析，确定变形温度、变形量、复合变形系数等工艺参数对镁合金板材组织性能的影响规律。

6.5.1　变形温度对晶粒尺寸的影响

图 6.22、图 6.23 为复合变形过程中镁合金微观组织，板材厚度为 9mm。在压痕变形过程中，微观组织都产生了孪晶，且随着变形温度的升高，孪晶数量减少，这是由于随着变形温度的升高，非基面滑移激活能降低，容易启动。在压平变形过程中，材料基本没有孪晶，晶粒发生塑性变形，晶粒变得细长，这是受到压应力导致的，故此温度的升高，抑制了孪晶的产生和孪生变形。

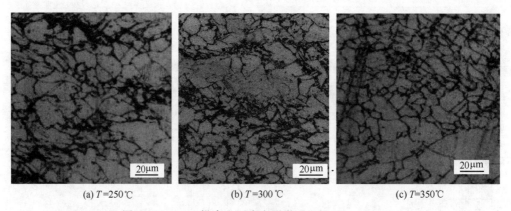

(a) T=250℃　　　　(b) T=300℃　　　　(c) T=350℃

图 6.22　AZ31 镁合金压痕变形微观组织（λ＝0.10）

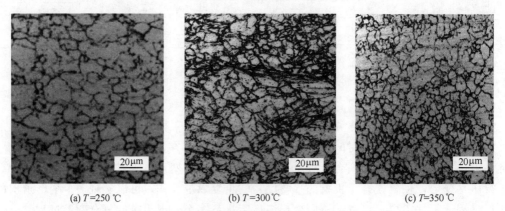

(a) T=250℃　　　　(b) T=300℃　　　　(c) T=350℃

图 6.23　AZ31 镁合金压平变形微观组织（λ＝0.10）

图 6.24、图 6.25 为 AZ31 镁合金复合变形后微观组织，板材厚度 9mm，复合变形系数为 $\lambda=0.2$。分析可知，孪晶数量受变形温度的影响，随着变形温度的升高，数量减少，说明孪晶及孪生变形主要发生在低温塑性变形时，随着变形温度的升高，坯料组织中晶粒也开始长大且孪晶数量也降低。

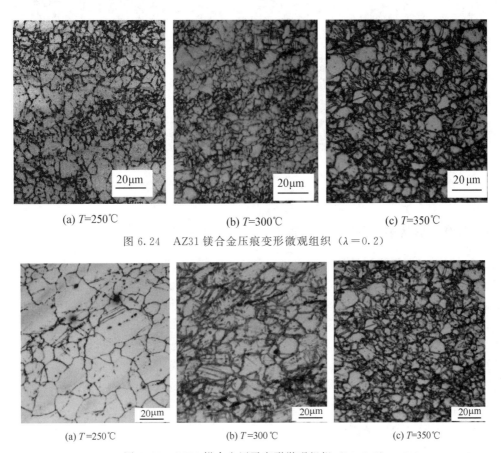

(a) $T=250℃$　　　　(b) $T=300℃$　　　　(c) $T=350℃$

图 6.24　AZ31 镁合金压痕变形微观组织（$\lambda=0.2$）

(a) $T=250℃$　　　　(b) $T=300℃$　　　　(c) $T=350℃$

图 6.25　AZ31 镁合金压平变形微观组织（$\lambda=0.2$）

复合变形过程中，复合变形系数为 $\lambda=0.3$ 时，不同板材厚度时的微观组织变化如图 6.26、图 6.27 所示。对比分析可知，微观组织随着板材厚度的增加，晶粒发生的孪晶数量

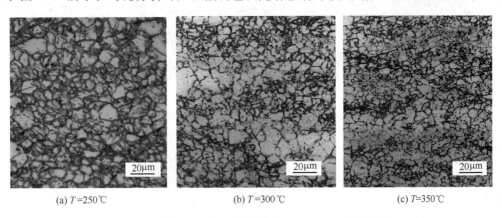

(a) $T=250℃$　　　　(b) $T=300℃$　　　　(c) $T=350℃$

图 6.26　AZ31 镁合金复合变形微观组织（$\lambda=0.3$，板材厚度 7mm）

减少，且随着变形量的增加，开始产生了细小的再结晶晶粒，晶粒开始产生细化，最终初始厚度为 7mm 板材的平均晶粒尺寸为 $7\mu m$，初始厚度为 9mm 板材的平均晶粒尺寸为 $10\mu m$。

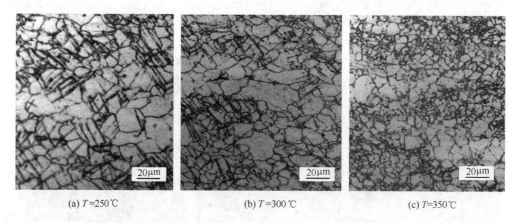

(a) T=250℃	(b) T=300℃	(c) T=350℃

图 6.27　AZ31 镁合金复合变形微观组织（$\lambda=0.3$，板材厚度 9mm）

6.5.2　复合变形系数对晶粒尺寸的影响

在复合变形中压平变形阶段，板材厚度为 7mm，$T=250℃$，在压下率分别为 14.3%、28.5% 时，不同复合变形系数时镁合金的微观组织如图 6.28 和图 6.29 所示。在压下率为 14.3% 时，当 $\lambda=0.1$ 时，晶粒内部发生了大量的孪晶，晶粒也发生了破碎，并且在晶界处开始产生少量的动态再结晶晶粒，晶粒取向随着塑性变形发生变化，晶粒尺寸开始初步细化；当压下率达到 28.5% 后，孪晶进一步产生，并且动态再结晶晶粒开始长大，逐步蚕食初始晶粒，晶粒得到充分的细化，晶粒平均尺寸达到 $8\mu m$。当 $\lambda=0.2$ 时，组织中的孪晶数量不多，平均晶粒尺寸为 $20\mu m$。在低温塑性变形时，镁合金材料组织产生了大量的孪晶组织，在变形区域基本都有孪晶的产生，随着变形温度的升高，晶粒不仅长大，孪晶数量也降低，虽然还有孪晶，但数量很少。

(a) λ=0.10	(b) λ=0.2	(c) λ=0.3

图 6.28　AZ31 镁合金复合变形微观组织（变形温度 $T=250℃$，压下率 14.3%）

图 6.30 为镁合金板材在不同复合变形系数条件下的微观组织，其中变形温度 $T=300℃$，板材厚度 9mm。在 $\lambda=0.1$ 下，组织内部很少有孪晶组织与动态再结晶晶粒的产生，晶粒较均匀但尺寸较大，达到 $20\mu m$。在 $\lambda=0.2$ 时，孪晶也有产生，数量开始减少，且晶粒分布不均匀，有细小的晶粒，也有扁长的晶粒存在，动态再结晶晶粒数量减少。在 $\lambda=0.3$ 时，组织内部产生了孪

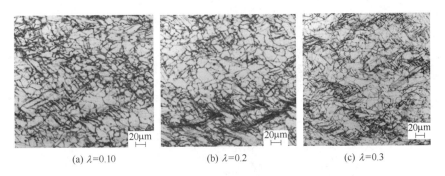

(a) $\lambda=0.10$ (b) $\lambda=0.2$ (c) $\lambda=0.3$

图 6.29 AZ31 镁合金复合变形微观组织（变形温度 $T=250℃$，压下率 28.5%）

晶，数量较多，且晶粒细小，在晶界处开始产生动态再结晶晶粒。

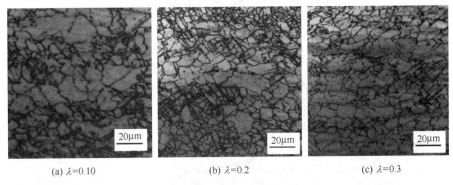

(a) $\lambda=0.10$ (b) $\lambda=0.2$ (c) $\lambda=0.3$

图 6.30 AZ31 镁合金压痕变形微观组织（变形温度 $T=300℃$，板材厚度 9mm）

镁合金板材厚度为 9mm，$T=300℃$ 条件下，压平变形时不同复合变形系数条件下的微观组织如图 6.31 所示。在压平变形过程中，组织内部的孪晶组织很好，主要发生动态再结晶。复合变形系数 $\lambda=0.1$ 时，动态再结晶晶粒数量减少，平均晶粒尺寸为 $30\mu m$，且主要以大晶粒为主，只有少量的细小晶粒。当 $\lambda=0.2$ 时，组织内部有较为细小的再结晶晶粒，也有未发生再结晶的扁长的大晶粒，且分布不均匀，平均晶粒尺寸为 $19\mu m$。在 $\lambda=0.3$ 时，组织内部出现了动态再结晶晶粒，晶粒开始细化，晶粒比较均匀，平均晶粒尺寸在 $13\mu m$。

(a) $\lambda=0.10$ (b) $\lambda=0.2$ (c) $\lambda=0.3$

图 6.31 AZ31 镁合金压平变形微观组织（变形温度 $T=300℃$）

在复合变形的压痕变形阶段，板材厚度为 9mm，$T=350℃$，不同复合变形系数下的微观组织如图 6.32 所示。分析可知，在 $\lambda=0.1$ 时，晶粒内部几乎没有孪晶的产生，只在晶界处有很少的动态再结晶晶粒的产生。在复合变形系数 $\lambda=0.2$ 时，在晶粒内部产生了少量的孪晶，发生孪晶的晶粒约为 20％，在晶界处产生了一定量的动态再结晶晶粒，动态再结晶晶粒数量较少。在复合变形系数 $\lambda=0.3$ 时，在晶粒内部产生了少量的孪晶，发生孪晶的晶粒约为 30％，在晶界处产生了大量的动态再结晶晶粒。结果表明，在复合变形系数较大时，组织内部产生了动态再结晶晶粒和少量的孪晶组织。

(a) $\lambda=0.10$ (b) $\lambda=0.2$ (c) $\lambda=0.3$

图 6.32　AZ31 镁合金压痕变形微观组织（变形温度 $T=350℃$，板材厚度 9mm）

在复合变形的压平变形阶段，板材厚度为 9mm，$T=350℃$，其他工艺参数相同的条件下，不同复合变形系数下的微观组织如图 6.33 所示。分析可知，在压平变形过程中，随着复合变形系数的增大，孪晶数量及动态再结晶数量增多，晶粒尺寸减小。在复合变形系数分别为 $\lambda=0.10$、0.20、0.30 时，平均晶粒尺寸分别为 $25\mu m$、$19\mu m$、$12\mu m$。

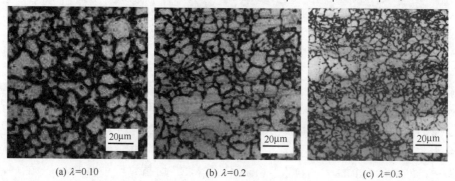

(a) $\lambda=0.10$ (b) $\lambda=0.2$ (c) $\lambda=0.3$

图 6.33　AZ31 镁合金压平变形微观组织（变形温度 $T=350℃$，板材厚度为 9mm）

6.5.3　压下率对晶粒尺寸的影响

复合变形过程中，$T=250℃$，板材厚度为 7mm 条件下，在不同压下率时的微观组织情况如图 6.34、图 6.35 所示。在压痕变形中，坯料内部产生了大量的孪晶组织，在变形温度 250℃时，坯料内部发生变形的区域基本都产生了孪晶，此时孪生变形对塑性变形影响很大。在压平变形阶段，在压下率 14.3％时，晶粒尺寸较大，分布也不均匀。在压下率 28.5％时，晶粒内有少量孪晶存在。随着压下率的继续增加，晶粒都得到了细化，并且分布均匀。

在复合变形的压痕变形阶段，当变形温度 $T=250℃$，板材厚度 9mm，不同压下率的微观组织如图 6.36 所示。在复合变形的压平变形阶段，当变形温度为 $T=250℃$，在不同压下率时的微观组织如图 6.37 所示。在压痕变形中，随着压下率的增大，组织内部都产生了孪晶组织，且发生孪晶的体积百分数在 25％左右。在压平变形过程中，当压下率为 28.5％时，晶粒尺寸都得到了一定的细化，平均晶粒尺寸为 $19\mu m$。当压下率为 43.2％时，平均晶粒尺寸为 $15\mu m$，并且分布均匀。

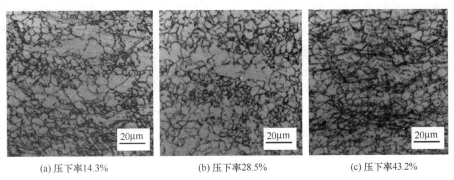

(a) 压下率14.3%　　　　　(b) 压下率28.5%　　　　　(c) 压下率43.2%

图 6.34　AZ31 镁合金压痕变形微观组织（变形温度 $T=250℃$，板材厚度为 7mm）

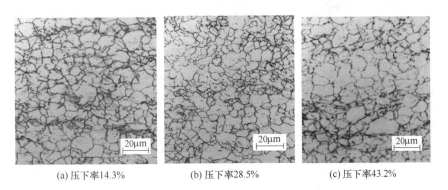

(a) 压下率14.3%　　　　　(b) 压下率28.5%　　　　　(c) 压下率43.2%

图 6.35　AZ31 镁合金压平变形微观组织（变形温度 $T=250℃$，板材厚度为 7mm）

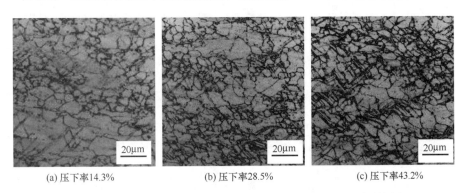

(a) 压下率14.3%　　　　　(b) 压下率28.5%　　　　　(c) 压下率43.2%

图 6.36　AZ31 镁合金压痕变形微观组织（变形温度 $T=300℃$，板材厚度 9mm）

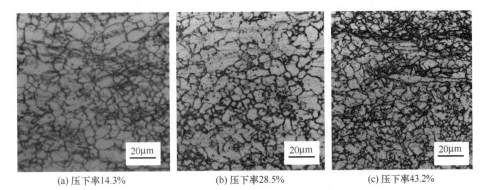

(a) 压下率14.3%　　　　　(b) 压下率28.5%　　　　　(c) 压下率43.2%

图 6.37　AZ31 镁合金压平变形微观组织（变形温度 $T=300℃$，板材厚度 9mm）

镁合金板材厚度为 9mm，$T=350℃$，压下率分别为 14.3%、28.5%、43.2%时，复合变形过程中的组织演变过程如图 6.38 所示。由图可知，在压痕变形过程中，初始晶粒比较粗大，变形量较小时，组织的晶粒取向慢慢开始发生改变，坯料发生塑性变形，且主要以滑移为主，随着变形量的增加，组织中出现了孪晶，孪晶作为一种辅助变形机制，促进塑性变形的进行，且在 350℃下，孪晶数量较少，这是由于温度升高导致非基面滑移系启动，抑制了孪生变形；在变形量达到最大后，组织开始出现了少量的再结晶晶粒。在压平过程中，由于板材的重新加热，晶粒尺寸变大，且随着压平量的增加，晶粒开始细化，晶粒发生破碎，发生了动态再结晶，最后晶粒发生细化，晶粒平均尺寸达到 $10μm$。晶粒较初始晶粒得到了细化（图 6.39）。

(a) 压下率14.3%　　　(b) 压下率28.5%　　　(c) 压下率43.2%

图 6.38　AZ31 镁合金压痕变形微观组织（变形温度 $T=350℃$）

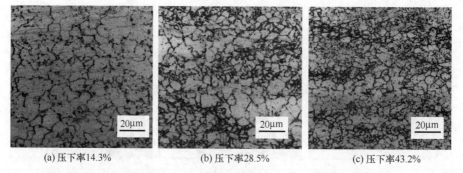

(a) 压下率14.3%　　　(b) 压下率28.5%　　　(c) 压下率43.2%

图 6.39　AZ31 镁合金压平变形微观组织（变形温度 $T=350℃$）

6.5.4　复合变形后孪晶组织

在复合变形的压痕变形阶段，镁合金板材厚度为 9mm，$T=250℃$，在不同复合变形系数条件下的微观组织如图 6.40 所示。在复合变形的压平变形阶段，板材厚度为 9mm，$T=250℃$，在不同复合变形条件下的微观组织如图 6.41 所示。结果分析可知，在 $λ=0.2$ 时，在压痕变形过程中，孪晶数量随着复合变形系数的增加而减少，发生孪晶的晶粒数量百分数从 70%左右降低至 45%，变形量越大，孪晶数量越高；在 $λ=0.2$ 时，依然有孪晶的产生，但动态再结晶晶粒较少。

复合变形中压痕变形阶段，板材厚度为 7mm，$T=300℃$，$λ=0.3$，在压下率分别为 14.3%、28.5%、43.2%时，镁合金的微观组织如图 6.42 所示。在压下率为 14.3%时，微观组织的孪晶数量开始减少，晶粒只发生变形，还没有开始破碎产生新晶粒，且复合变形系

(a) $\lambda=0.10$ (b) $\lambda=0.2$ (c) $\lambda=0.3$

图 6.40　AZ31 镁合金压痕变形孪晶组织（变形温度 $T=250$℃）

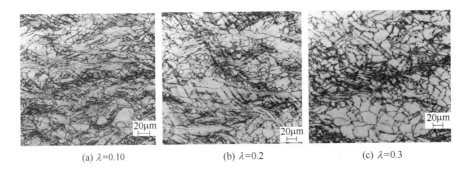

(a) $\lambda=0.10$ (b) $\lambda=0.2$ (c) $\lambda=0.3$

图 6.41　AZ31 镁合金压平变形孪晶组织（变形温度 $T=250$℃）

数越小，晶粒越粗大，这是由于复合变形系数越小，变形区域减弱，位错密度降低，不能激活孪生变形进而产生孪晶。在压下率为 28.5% 和 43.2% 时，由于变形量的增大，孪晶数量明显增加。

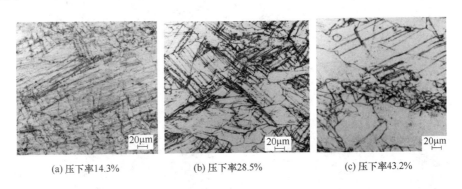

(a) 压下率14.3%   (b) 压下率28.5%   (c) 压下率43.2%

图 6.42　AZ31 镁合金压痕变形孪晶组织（变形温度 $T=300$℃）

在复合变形的压平变形阶段，板材厚度为 7mm，$T=300$℃，不同复合变形系数时的微观组织演变情况如图 6.43 所示。在复合变形系数 $\lambda=0.1$ 时，平均晶粒尺寸为 $20\mu m$，且孪晶基本没有出现。在复合变形系数 $\lambda=0.2$ 条件下，平均晶粒尺寸达到 $12\mu m$，孪生变形及孪晶数量开始减少。当复合变形系数 $\lambda=0.3$ 时，组织内部的晶粒由于塑性变形的发生导致晶粒取向发生改变，在晶粒内部产生了少量的孪晶组织，在晶界处，有细小的动态再结晶晶粒产生，平均晶粒尺寸为 $7\mu m$。

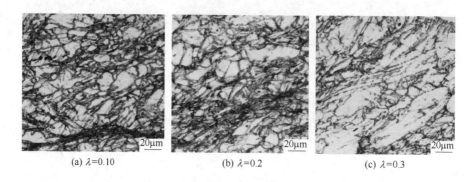

(a) λ=0.10　　　　　　　　(b) λ=0.2　　　　　　　　(c) λ=0.3

图 6.43　AZ31 镁合金压平变形孪晶组织（变形温度 $T=300℃$）

在复合变形过程中，$T=350℃$，不同板材厚度时的微观组织变化如图 6.44、图 6.45。分析可知，微观组织随着板材厚度的增加，晶粒发生的孪晶数量减少，且随着变形量的增加，开始产生了细小的再结晶晶粒，晶粒开始产生细化，最终初始厚度为 7mm 板材的平均晶粒尺寸为 $7\mu m$，初始厚度为 9mm 板材的平均晶粒尺寸为 $10\mu m$。在 $T=350℃$ 时，初始厚度为 7mm 板材在变形量很小时依然产生了一定数量的孪晶，而初始厚度为 9mm 板材的孪晶数量较少。

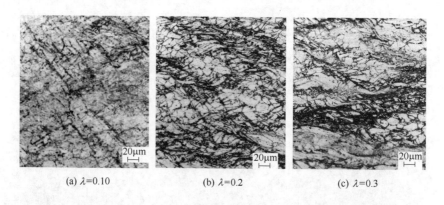

(a) λ=0.10　　　　　　　　(b) λ=0.2　　　　　　　　(c) λ=0.3

图 6.44　AZ31 镁合金压痕变形孪晶组织（变形温度 $T=350℃$）

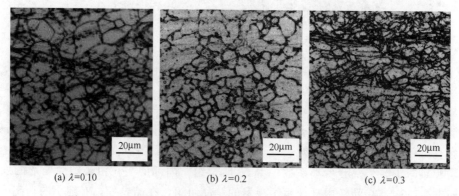

(a) λ=0.10　　　　　　　　(b) λ=0.2　　　　　　　　(c) λ=0.3

图 6.45　AZ31 镁合金压平变形孪晶组织（变形温度 $T=350℃$）

以上研究结果表明：

① 在镁合金复合变形过程中，随着复合变形系数的增大，AZ31 镁合金的孪晶数量逐渐增多，动态再结晶组织逐渐增多，形成分布均匀的细小等轴晶粒，最后覆盖原始孪晶组织，晶粒细化效果明显。

② 变形温度对孪晶组织的影响最明显。随着变形温度升高，孪晶界具有比较高的能量，促进了动态再结晶晶粒在孪晶周围和内部的形核，实现了完全动态再结晶，促进了材料的高温变形和晶粒细化，提高了材料性能。

③ 初始晶粒尺寸对孪晶组织也具有影响，粗大的晶粒组织有利于孪晶组织的形成，细小的晶粒组织不利于孪晶组织的形成。

④ 对于 AZ31 镁合金板材，经过复合变形后的微观组织以孪晶组织和动态再结晶组织为主，在孪晶界处出现动态再结晶晶粒。

⑤ 随着复合变形系数的增加，在变形量相同的情况下，孪晶数量和动态再结晶程度都开始增加，导致晶粒细化程度明显。

6.5.5 应变状态对微观组织的影响

（1）应变状态对微观组织的影响

在压痕变形时，变形区的应变状态不同，见图 6.46（a），在 P 点受两向应变，在板材径向方向上是拉伸应变，而在 W 点也受两向应变，而在板材径向方向上是压缩应变。变形区内同一点再经过压平变形时，它们的应变状态恰好相反，见图 6.46（b）。M 点为拉伸应变和压缩应变的过渡区。

复合变形时不同应变状态对镁合金板材的显微组织的影响规律见图 6.47。图 6.47（a）为压痕变形时产生拉伸变形区的显微组织，图 6.47（b）为压痕变形时拉伸-压缩变形过渡区的显微组织，图 6.47（c）为压痕变形时产生压缩变形时的孪晶组织。可以看出，不同部位板料显微组织晶粒细化程度不一样，主要与变形程度有关。应变状态是产生孪晶的主要因素，可以看出，拉伸变形区的晶粒大小与原始板料晶粒大小相差不大，产生了少量的孪晶。而压缩变形区受到较大的压应力作用，板料产生较大的压缩变形，导致微观组织产生很大

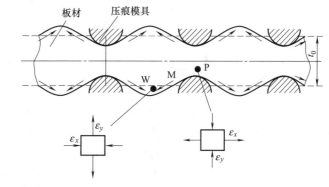

(a) 压痕变形时应力与应变状态

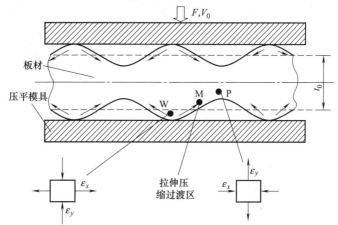

(b) 压平变形时应力与应变状态

图 6.46　压痕-压平复合变形时应力与应变状态

变化，压缩变形区的晶粒尺寸与原始板料相比细化了很多，得到了许多细小的压缩孪晶，但仍有少量粗大晶粒保留下来。处于过渡区的晶粒细化情况介于两者之间，产生了较多细小的压缩孪晶，但也有部分初晶保留下来。

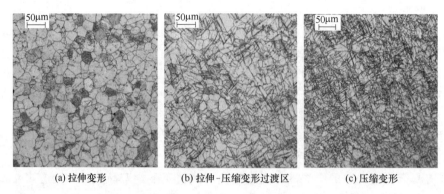

(a) 拉伸变形   (b) 拉伸-压缩变形过渡区   (c) 压缩变形

图 6.47 复合变形时应变状态对镁合金板材显微组织影响

（2）复合变形对组织性能的影响

经过复合变形（压痕变形和压平变形）后镁合金板材显微组织如图 6.48 所示，可以看出，复合变形后，板料晶粒产生了明显的细化效果，压痕变形后的显微组织以孪晶组织为主，发生动态再结晶，再经过压平变形后，晶粒发生了进一步细化。其原理是由于镁合金材料在复合变形过程中，产生拉伸变形和压缩变形交替进行，从而使镁合金板材的储存能增加较大，增加了再结晶驱动力，导致生核率与长大率同时增加；但在交替变形过程中时，产生的位错增多并且位错来不及抵消，使再结晶生核率速度增加，同时遏制晶粒长大速度，因此发生再结晶后，晶粒得到进一步细化。从图 6.48 可以发现，一次变形后产生孪晶组织，再经过二次变形后，孪晶组织消失，产生均匀的等轴晶粒组织。

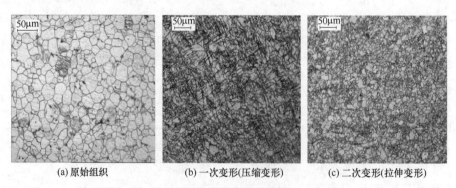

(a) 原始组织   (b) 一次变形(压缩变形)   (c) 二次变形(拉伸变形)

图 6.48 经过复合变形后的显微组织

（3）板材不同位置微观组织性能

图 6.49 为板材不同位置显微组织性能。板料的表面与模具直接接触，变形量比较大，晶粒细化比较明显。表面材料得到了明显的细化使性能也有很大的增强。AZ31 镁合金板材在 250 ℃下进行压痕-压平复合变形时，中间层组织变化不明显，但上、下表层晶粒显著细化。表层细晶体积分数和细晶层厚度随着变形道次的增加而增加。表层晶粒细化主要是通过 $\{10\bar{1}2\}$ 孪晶分割和动态再结晶的发生来实现，其中动态再结晶机制主要为孪生动态再结晶和连续动态再结晶。随着变形道次的增加，晶粒进一步细化，孪晶界所占比例减少。

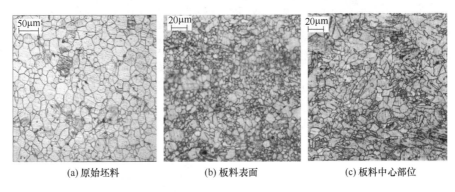

(a) 原始坯料　　　　　　(b) 板料表面　　　　　　(c) 板料中心部位

图 6.49　板材不同位置显微组织

研究结果表明，①应变状态是镁合金材料产生孪晶的主要因素，拉伸变形区的组织产生了少量的孪晶，晶粒细化不明显；压缩变形区的组织产生了许多细小的压缩孪晶，晶粒细化明显；处于过渡区的晶粒细化情况介于两者之间，细小的压缩孪晶和部分初始晶粒都存在。②经过 1 个道次的复合变形工序后，变形区内每一个质点都发生拉伸变形与压缩变形（或者压缩变形与拉伸变形）的一个周期交替变化，使材料发生压缩变形→孪晶组织形成→发生动态再结晶→孪晶消失→晶粒细化的组织演变过程，形成分布均匀的细小的晶粒组织。③AZ31 镁合金板材在变形温度 250℃下进行压痕-压平变形后，由于板料的表面塑性变形量比较大，因此板料的表面晶粒细化程度好于内部组织。④复合变形改善镁合金材料性能的机理是在复合变形过程中，产生拉伸变形和压缩变形交替进行，从而使镁合金板材的生核率的增加速率大于长大率的增加速率，发生完全动态再结晶后，晶粒得到进一步细化。

6.5.6　其他实验结果

图 6.50 所示为压下率为 28.5% 时，对不同温度的 AZ31 镁合金板材进行复合变形后所得到的微观组织图。变形温度为 225℃时，由于镁合金变形温度较低，柱面和锥面滑移系不易启动，主要的变形机制为孪生，再结晶程度较小，存在一定数量的孪晶组织。随着温度的升高，孪晶体积分数逐渐减小，达到 275℃时已基本实现完全再结晶，晶粒尺寸较小，达到 7.84μm，且分布均匀。

（1）压下率对微观组织的影响

变形温度为 275℃时，不同压下率时 AZ31 镁合金的微观组织如图 6.51 所示，当压下率为 14.3% 时，组织不均匀，这是由于板材变形量较小，没有发生完全的再结晶造成的。当压下率为 28.5% 时，变形后的组织总体上均匀细小，当压下率达到 43.2% 时，已经完全实现动态再结晶，理论上晶粒应该更加均匀细小。但由于镁合金自身的不易变形性，再加上变形量较大，在第二道次压平的过程中会造成组织上的不均匀，同时也对板材表面质量造成一定影响。

（2）模具温度对微观组织的影响

变形温度为 275℃，压下率为 28.5% 时，模具温度对镁合金复合变形后微观组织影响规律如图 6.52 所示。模具温度为室温时，由于模具温度较低，与板材的温差较大，在变形过程中板材迅速降温，变成了低温下的变形，出现孪晶，并造成了组织的不均匀。当对模具加热到100℃时，效果得到了明显的改善，大量的孪晶消失，模具温度大于 150℃时，组织较为均匀。

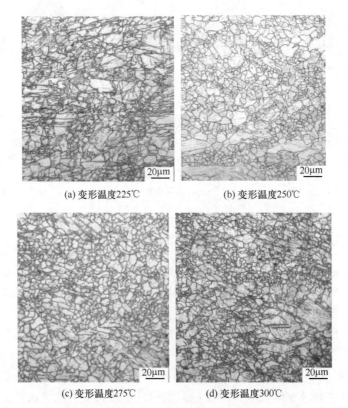

(a) 变形温度225℃ (b) 变形温度250℃

(c) 变形温度275℃ (d) 变形温度300℃

图 6.50 不同变形温度时 AZ31 镁合金的显微组织（压下率为 28.5%）

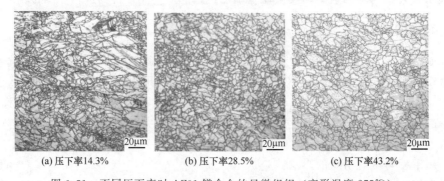

(a) 压下率14.3% (b) 压下率28.5% (c) 压下率43.2%

图 6.51 不同压下率时 AZ31 镁合金的显微组织（变形温度 275℃）

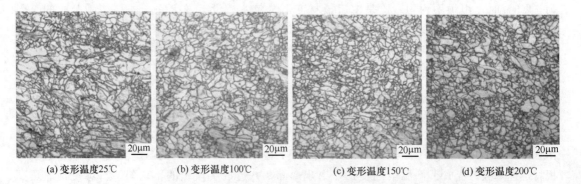

(a) 变形温度25℃ (b) 变形温度100℃ (c) 变形温度150℃ (d) 变形温度200℃

图 6.52 不同模具温度时 AZ31 镁合金的显微组织

6.6 镁合金复合变形后的织构演变规律

6.6.1 镁合金复合变形后的织构分布

（1）初始 AZ31 镁合金板材的织构

图 6.53 为 AZ31 镁合金板材初始状态的极图和反极图。对于原始板材，在 {0001} 晶面上的织构强度最大，厚度为 7mm 的镁合金板材在 {0001} 晶面上的初始织构强度为 16.19，在 {11$\bar{2}$0} 晶面和 {10$\bar{1}$0} 晶面上的织构强度分别为 5.13 和 4.20，平均晶粒尺寸为 15.8μm。

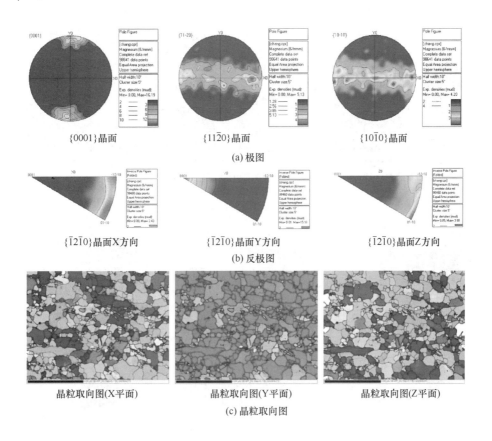

{0001}晶面 　　{11$\bar{2}$0}晶面 　　{10$\bar{1}$0}晶面

(a) 极图

{$\bar{1}$2$\bar{1}$0}晶面X方向 　　{$\bar{1}$2$\bar{1}$0}晶面Y方向 　　{$\bar{1}$2$\bar{1}$0}晶面Z方向

(b) 反极图

晶粒取向图(X平面) 　　晶粒取向图(Y平面) 　　晶粒取向图(Z平面)

(c) 晶粒取向图

图 6.53　AZ31 镁合金板材初始状态的极图和反极图

（2）复合变形后镁合金板材织构

图 6.54 为镁合金板材在变形温度 250℃，复合变形系数为 0.1 条件下的极图。在 {0001} 晶面上的织构强度为 12.53，在 {11$\bar{2}$0} 晶面上的织构强度为 4.33，在 {10$\bar{1}$0} 晶面上的织构强度为 4.56，平均晶粒尺寸为 10.2μm。

图 6.55 为镁合金板材在变形温度 300℃，复合变形系数为 0.2 条件下的极图。在 {0001} 晶面上的织构强度为 7.82，在 {11$\bar{2}$0} 晶面上的织构强度为 3.63，在 {10$\bar{1}$0} 晶面上的织构强度为 3.67，平均晶粒尺寸为 7.5μm。

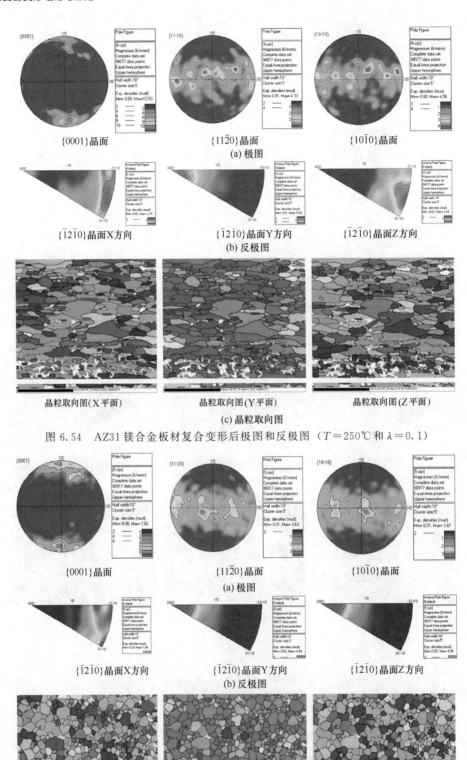

{0001}晶面   {11$\bar{2}$0}晶面   {10$\bar{1}$0}晶面

(a) 极图

{$\bar{1}$2$\bar{1}$0}晶面X方向   {$\bar{1}$2$\bar{1}$0}晶面Y方向   {$\bar{1}$2$\bar{1}$0}晶面Z方向

(b) 反极图

晶粒取向图(X平面)   晶粒取向图(Y平面)   晶粒取向图(Z平面)

(c) 晶粒取向图

图 6.54 AZ31 镁合金板材复合变形后极图和反极图（$T=250℃$ 和 $\lambda=0.1$）

{0001}晶面   {11$\bar{2}$0}晶面   {10$\bar{1}$0}晶面

(a) 极图

{$\bar{1}$2$\bar{1}$0}晶面X方向   {$\bar{1}$2$\bar{1}$0}晶面Y方向   {$\bar{1}$2$\bar{1}$0}晶面Z方向

(b) 反极图

晶粒取向图(X平面)   晶粒取向图(Y平面)   晶粒取向图(Z平面)

(c) 晶粒取向图

图 6.55 AZ31 镁合金板材复合变形后极图和反极图（$T=300℃$，$\lambda=0.20$）

图 6.56 为镁合金板材在变形温度 350℃，复合变形系数为 0.3 条件下的极图。在 $\{0001\}$ 晶面上的织构强度为 6.41，在 $\{11\bar{2}0\}$ 晶面上的织构强度为 4.15，在 $\{10\bar{1}0\}$ 晶面上的织构强度为 3.49，平均晶粒尺寸为 5.2 μm。

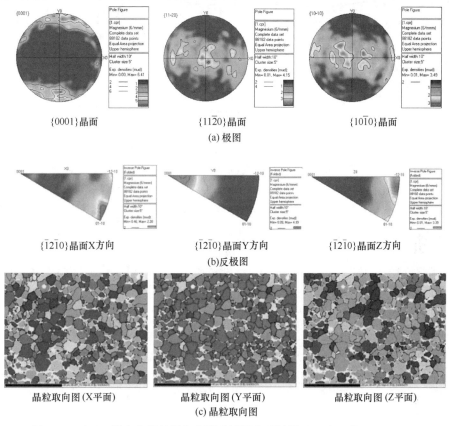

{0001}晶面　　　　　{11$\bar{2}$0}晶面　　　　　{10$\bar{1}$0}晶面

(a) 极图

{$\bar{1}2\bar{1}0$}晶面X方向　　　{$\bar{1}2\bar{1}0$}晶面Y方向　　　{$\bar{1}2\bar{1}0$}晶面Z方向

(b)反极图

晶粒取向图(X平面)　　　晶粒取向图(Y平面)　　　晶粒取向图(Z平面)

(c)晶粒取向图

图 6.56　AZ31 镁合金板材复合变形后极图和反极图（$T=350℃$，$\lambda=0.30$）

复合变形前后的 AZ31 镁合金板材的织构强度，见表 6.1。图 6.57 为复合变形后 AZ31 镁合金材料在 $\{0001\}$、$\{11\bar{2}0\}$、$\{10\bar{1}0\}$晶面上的织构强度与工艺参数之间的关系。

表 6.1　复合变形前后的 AZ31 镁合金板材织构强度（复合变形系数 $\lambda=0.3$）

	$\{0001\}$晶面	$\{11\bar{2}0\}$晶面	$\{10\bar{1}0\}$晶面
初始状态	16.19	5.13	4.20
变形温度 250℃	7.73	3.64	3.65
变形温度 300℃	6.49	3.46	3.28
变形温度 350℃	6.41	4.15	3.49

经过复合变形后，AZ31 镁合金板材在 $\{0001\}$ 晶面上的织构强度比初始值降低了 60.4%。在 $\{11\bar{2}0\}$ 晶面上的织构强度比初始值降低了 32.6%。在 $\{10\bar{1}0\}$ 晶面上的织构强度比初始值降低了 21.9%。因此，镁合金的织构弱化主要是降低晶面 $\{0001\}$ 晶面上的织构强度。镁合金复合变形后，其织构发生明显弱化。

6.6.2　镁合金材料复合变形后的织构强度预测模型

（1）复合变形后 AZ31 镁合金板材在 $\{0001\}$ 晶面上的织构强度

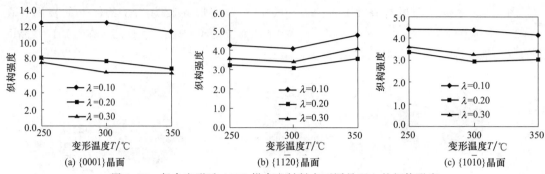

图 6.57 复合变形后 AZ31 镁合金材料在不同晶面上的织构强度

复合变形后的 AZ31 镁合金板材在不同工艺条件下在 {0001} 晶面上的织构强度见图 6.57 （a）。在进行实验数据分析时，为了提高数学模型计算精度，在绘制曲线时复合变形系数变量取 $\lambda \times 10$，变形温度变量取 $T/100$。图 6.57 （a）所示的实验结果表明，织构强度与变形温度和复合变形系数的关系都接近线性关系，因此可以设计织构强度（D_t）与变形温度（T）和复合变形系数（λ）关系满足方程（6.17）。

$$D_t = mT_1 + n \tag{6.17}$$

式中，D_t 表示织构强度；$T_1 = T/100$，T 为变形温度，℃；$\lambda_1 = \lambda \times 10$，$\lambda$ 为复合变形系数。系数 $m = f_1(\lambda_1)$ 和 $n = f_2(\lambda_1)$，由实验数据确定。

根据图 6.57 （a）的实验数据和式（6.17）进行数学拟合计算，可以得到系数 m 值和 n 值与复合变形系数的关系曲线，见图 6.58。采用数学逼近方法对图 6.58 中的曲线再进行拟合分析，可以得到对应于 {0001} 晶面上织构强度的系数 m 值和 n 值与复合变形系数的关系式，见式（6.18）。

$$\left.\begin{aligned}m &= -0.1302\lambda_1 - 0.955\\n &= -2.7357\lambda_1 + 18.528\end{aligned}\right\} \tag{6.18}$$

将式（6.18）代入式（6.17）即可得到镁合金复合变形后在 {0001} 晶面上的织构强度与变形温度及复合变形系数的关系式，见式（6.19）。

$$D_t = (-0.1302\lambda_1 - 0.955)T_1 - 2.7357\lambda_1 + 18.528 \tag{6.19}$$

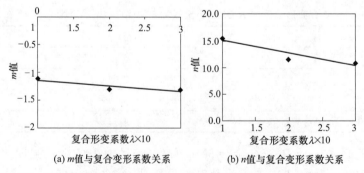

图 6.58 对应于 {0001} 晶面上的 m 值和 n 值与复合变形系数的关系曲线

（2）{11$\bar{2}$0} 晶面上的织构强度

复合变形后的 AZ31 镁合金板材在不同工艺条件下在 {11$\bar{2}$0} 晶面上的织构强度见图 6.57 （b）。在 {11$\bar{2}$0} 晶面上的织构强度（D_t）与变形温度（T）和复合变形系数（λ）之间关系也满足方程（6.17）。

　　根据图 6.57（b）的实验数据和式（6.17）进行数学拟合计算，可以得到对应于 $\{11\bar{2}0\}$ 晶面上的织构强度系数 m 值和 n 值与复合变形系数的关系曲线，见图 6.59。采用数学逼近方法，可以得到对应于 $\{11\bar{2}0\}$ 晶面上织构强度的系数 m 值和 n 值与复合变形系数的关系式，见式（6.20）。

$$\left.\begin{array}{l} m = -0.1543\lambda_1 + 0.7843 \\ n = -0.2157\lambda_1 + 2.9707 \end{array}\right\} \tag{6.20}$$

　　将式（6.20）代入式（6.17）即可得到镁合金复合变形后在 $\{11\bar{2}0\}$ 晶面上的织构强度与变形温度及复合变形系数的关系式，见式（6.21）。

$$D_t = (-0.1543\lambda_1 + 0.7843)T_1 - 0.2157\lambda_1 + 2.9707 \tag{6.21}$$

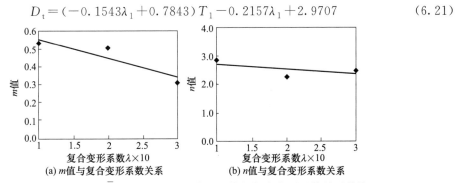

图 6.59　对应于 $\{11\bar{2}0\}$ 晶面上的 m 值和 n 值与复合变形系数关系曲线

（3）$\{10\bar{1}0\}$ 晶面上的织构强度

　　复合变形后的 AZ31 镁合金板材在不同工艺条件下在 $\{10\bar{1}0\}$ 晶面上的织构强度见图 6.57（c）。在 $\{10\bar{1}0\}$ 晶面上的织构强度（D_t）与变形温度（T）和复合变形系数（λ）之间关系也满足方程（6.17）。

　　根据图 6.57（c）的实验数据和式（6.17）进行数学拟合计算，可以得到对应于 $\{10\bar{1}0\}$ 晶面上的织构强度系数 m 值和 n 值与复合变形系数的关系曲线，见图 6.60。采用数学逼近方法，可以得到对应于 $\{10\bar{1}0\}$ 晶面上织构强度的系数 m 值和 n 值与复合变形系数的关系式，见式（6.22）。

$$\left.\begin{array}{l} m = 0.0457\lambda_1 - 0.2557 \\ n = -0.5838\lambda_1 + 5.2371 \end{array}\right\} \tag{6.22}$$

　　将式（6.22）代入式（6.17）即可得到镁合金复合变形后在 $\{10\bar{1}0\}$ 晶面上的织构强度与变形温度及复合变形系数的关系式，见式（6.23）。

$$D_t = (-0.0343\lambda_1 - 0.2057)T_1 - 0.8181\lambda_1 + 6.3714 \tag{6.23}$$

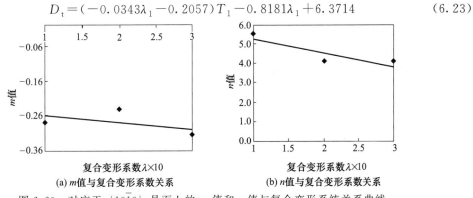

图 6.60　对应于 $\{10\bar{1}0\}$ 晶面上的 m 值和 n 值与复合变形系统关系曲线

式（6.19）、式（6.21）和式（6.23）即为复合变形后镁合金材料分别在 $\{0001\}$ 晶面、$\{11\bar{2}0\}$ 晶面和 $\{10\bar{1}0\}$ 晶面上织构强度与工艺参数之间的关系式。进一步整理得到织构强度与工艺参数之间关系式，见式（6.24）。

$$\left.\begin{array}{l}\{0001\}晶面上：D_t=(-1.302\lambda-0.955)T/100-27.357\lambda+18.528\\[4pt]\{11\bar{2}0\}晶面上：D_t=(-1.543\lambda+0.7843)T/100-2.157\lambda+2.970\\[4pt]\{10\bar{1}0\}晶面上：D_t=(-0.343\lambda-0.2057)T/100-8.181\lambda+6.3714\end{array}\right\} \tag{6.24}$$

式（6.24）的计算结果与实验结果见图 6.61，可见计算结果与实验结果相吻合，图 6.61（a）中的最大相对误差为 23.2%，图 6.61（b）中的最大相对误差为 20.1%，图 6.61（c）中的最大相对误差为 19.7%。

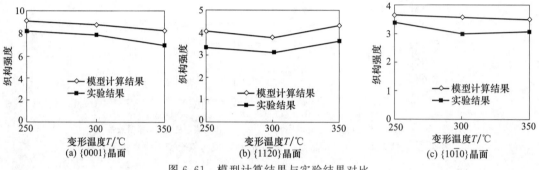

图 6.61　模型计算结果与实验结果对比

综合以上分析，对于 AZ31 镁合金板材，在 $\{0001\}$ 晶面上的织构强度最大，在 $\{11\bar{2}0\}$ 晶面和 $\{10\bar{1}0\}$ 晶面上的织构强度较小，通过复合变形方法可以降低三个晶面上的织构。对于镁合金原始板材，在 $\{0001\}$ 晶面上的初始织构强度分别为 16.19，在 $\{11\bar{2}0\}$ 晶面上的织构强度为 5.13，在 $\{10\bar{1}0\}$ 晶面上的织构强度为 4.20。AZ31 镁合金板材经过复合变形后，在 $\{0001\}$ 晶面上的织构强度为最小 6.41，比初始值降低了 60.6%；在 $\{11\bar{2}0\}$ 晶面上的织构强度最小值为 3.13，比初始值降低了 41.5%；在 $\{10\bar{1}0\}$ 晶面上的织构强度最小值为 2.98，比初始值降低了 29.1%。通过分析复合变形后镁合金板材在不同工艺条件下不同晶面上的织构强度，确定了织构强度（D_t）与变形温度（T）和复合变形系数（λ）之间的数学模型。计算模型的计算结果与实验结果相吻合，$\{0001\}$ 晶面上的最大相对误差为 23.2%，在 $\{11\bar{2}0\}$ 晶面上的最大相对误差为 20.1%，在 $\{10\bar{1}0\}$ 晶面上的最大相对误差为 19.7%。

6.6.3　板厚对镁合金材料织构的影响

（1）初始状态

图 6.62 为厚度 9mm 镁合金板材复合变形前的极图。对于原始板材，在 $\{0001\}$ 晶面上的织构强度最大，对于厚度为 9mm 的镁合金板材在 $\{0001\}$ 晶面上的初始织构强度分别为 14.95，在 $\{11\text{-}20\}$ 晶面和 $\{10\text{-}10\}$ 晶面上的织构强度分别是 4.63、4.56。

（2）复合变形后的织构

图 6.63 为厚度 9mm 镁合金板材在 $T=300℃$，$\lambda=0.3$ 条件下，复合变形后的极图。厚度为 9mm 板材在 $\{11\bar{2}0\}$ 晶面和 $\{10\bar{1}0\}$ 晶面上的织构强度最大值分别为 3.64 和 3.65，基本相同，而在 $\{0001\}$ 晶面上的织构强度最大值达到了 7.73，说明 $\{0001\}$ 晶面上的织构强度较高。

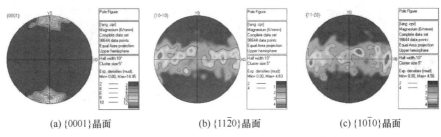

(a) {0001}晶面　　　　　(b) {11$\bar{2}$0}晶面　　　　　(c) {10$\bar{1}$0}晶面

图 6.62　镁合金板材复合变形前的极图（板材厚度为 9mm）

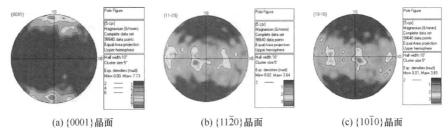

(a) {0001}晶面　　　　　(b) {11$\bar{2}$0}晶面　　　　　(c) {10$\bar{1}$0}晶面

图 6.63　镁合金板材复合变形后的极图（板材厚度为 9mm，$T=300℃$，$\lambda=0.3$）

图 6.64 为厚度 9mm 镁合金板材在 $T=350℃$，$\lambda=0.3$ 条件下，复合变形后的极图。分析可知，厚度为 9mm 板材在 {11$\bar{2}$0} 晶面和 {10$\bar{1}$0} 晶面上的织构强度最大值分别为 3.14 和 2.65，而在 {0001} 晶面上的织构强度最大值达到了 6.89，说明 {0001} 晶面上的织构强度较高。因此，板材厚度主要影响 {0001} 晶面的织构强度，且板材厚度越大，织构强度越大，其他两个晶面上的织构强度较低且受厚度影响较低。

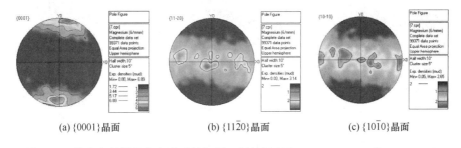

(a) {0001}晶面　　　　　(b) {11$\bar{2}$0}晶面　　　　　(c) {10$\bar{1}$0}晶面

图 6.64　镁合金板材复合变形后的极图（板材厚度为 9mm，$T=350℃$，$\lambda=0.3$）

（3）复合变形系数对织构弱化的影响

图 6.65、图 6.66 为厚度 9mm 镁合金板材在 $T=300℃$，$\lambda=0.2$ 和 $\lambda=0.1$ 条件下，复合变形后的极图。分析可知，$\lambda=0.3$ 时板材在 {11$\bar{2}$0} 晶面和 {10$\bar{1}$0} 晶面上的织构强度最大值分别为 4.05 和 3.53，相差不大，而在 {0001} 晶面上的织构强度最大值达到了 6.41，说明 {0001} 晶面上的织构强度较高；当 $\lambda=0.1$ 时，板材在 {11$\bar{2}$0} 晶面和 {10$\bar{1}$0} 晶面上的织构强度最大值分别为 3.46 和 3.41，而在 {0001} 晶面上的织构强度最大值达到了 11.43，说明 {0001} 晶面上的织构强度很高。结果分析可知，复合变形系数对 {0001} 晶面上的织构强度影响很大，当 $\lambda=0.1$ 时，在 {0001} 晶面上的织构强度几乎等于 $\lambda=0.3$ 的两倍，故此增大复合变形系数有利于提高板材复合变形后在 {0001} 晶面上的织构强度。

（4）其他条件下的织构弱化

图 6.67 为厚度 9mm 镁合金板材在 $T=300℃$，$\lambda=0.1$ 条件下，复合变形后极图。分析可

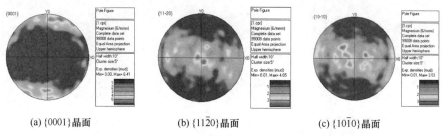

(a) {0001}晶面　　　　　　(b) {11$\bar{2}$0}晶面　　　　　　(c) {10$\bar{1}$0}晶面

图 6.65　镁合金板材复合变形后的极图（板材厚度为 9mm，$T=300℃$，$\lambda=0.2$）

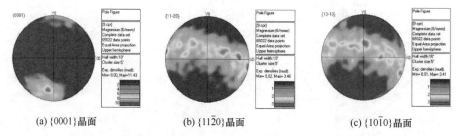

(a) {0001}晶面　　　　　　(b) {11$\bar{2}$0}晶面　　　　　　(c) {10$\bar{1}$0}晶面

图 6.66　镁合金板材复合变形后的极图（板材厚度为 9mm，$T=300℃$，$\lambda=0.1$）

知，坯料在 {11$\bar{2}$0} 晶面和 {10$\bar{1}$0} 晶面上的织构强度最大值分别为 5.1 和 5.35，而在 {0001} 晶面上的织构强度最大值达到了 12.36，说明 {0001} 晶面上的织构强度较高。

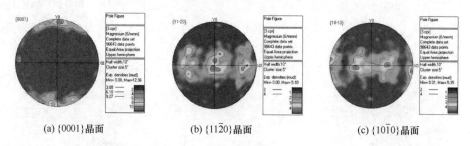

(a) {0001}晶面　　　　　　(b) {11$\bar{2}$0}晶面　　　　　　(c) {10$\bar{1}$0}晶面

图 6.67　镁合金板材复合变形后的极图（板材厚度为 9mm，$T=350℃$，$\lambda=0.2$）

图 6.68 为厚度 9mm 镁合金板材在 $T=350℃$，$\lambda=0.1$ 条件下，复合变形后镁合金板材的极图。分析可知，坯料在 {11$\bar{2}$0} 晶面和 {10$\bar{1}$0} 晶面上的织构强度最大值分别为 5.15 和 5.18，而在 {0001} 晶面上的织构强度最大值达到了 15.59，说明 {0001} 晶面上的织构强度较高。

以上研究结果表明，镁合金板材在复合变形后，复合变形系数分别为 0.1、0.2、0.3

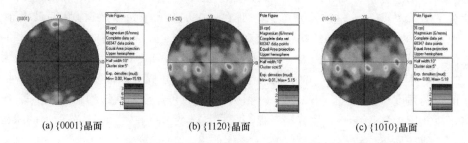

(a) {0001}晶面　　　　　　(b) {11$\bar{2}$0}晶面　　　　　　(c) {10$\bar{1}$0}晶面

图 6.68　镁合金板材复合变形后的极图（板材厚度为 9mm，$T=350℃$，$\lambda=0.1$）

时，三个晶面上的织构强度都得到了不同程度上的弱化。

对于原始板材，在 {0001} 晶面上的织构强度最大，厚度为 9mm 和 7mm 板材的织构强度分别为 14.95、16.19。厚度为 9mm 时 {11$\bar{2}$0} 晶面和 {10$\bar{1}$0} 晶面的织构强度分别是 4.63、4.56；因此，镁合金的织构弱化主要是降低晶面 {0001} 晶面上的织构强度。镁合金复合变形后，其织构发生明显弱化，织构强度见下表 6.2。

表 6.2　AZ31 镁合金板材织构强度

板材厚度	状态	{0001}晶面	{11$\bar{2}$0}晶面	{10$\bar{1}$0}晶面
板材厚度 9mm	原始状态	14.95	4.63	4.56
	复合变形后	6.89	3.14	2.65
板材厚度 7mm	原始状态	16.19	5.13	4.20
	复合变形后	6.41	3.46	3.28

6.7　基于元胞自动机的恒温条件下镁合金组织演变规律

元胞自动机方法（Cellular automata，CA 法）是金属材料再结晶形核和晶粒长大过程的主要研究方法，属于介观尺度计算材料科学。CA 法利用简单的局部规则和离散方法描述由局域相互作用产生的复杂物理现象与形态。CA 法在制定局域转化规则的时候引入了曲率驱动机制、热力学驱动机制和能量耗散机制，更真实地反映了晶界迁移的物理过程。

CA 法的基本思想是通过制定邻域内元胞的确定性或概率转换规则，以离散的时间和空间方式描述复杂系统的演化。在元胞自动机模型中，一个复杂体系被分解成有限个元胞，并把时间离散为一定间隔的时间步长，再将每个元胞可能的状态划分为有限个分离的状态。元胞在每个时间步的状态转变按一定演变规则来实现，而且其转变是随时间不断地对体系各元胞同步进行的，因此一个元胞的状态既受邻近元胞状态的影响，同时也影响着邻近元胞的状态。

一个元胞自动机模型由以下五部分组成。①元胞，元胞又称单元或基元，是元胞自动机最基本的组成部分，分布在离散的一维、二维或多维欧几里得空间的晶格点上。②元胞状态，在模拟晶粒生长的过程中，元胞状态代表晶粒取向。③元胞空间，元胞分布在空间网点的集合就是元胞空间，按空间的维数可分为一维、二维、三维和高维空间，对于大多数实际问题，应用最多的是二维和三维空间。④邻居类型，在一维元胞自动机中，通常以半径来确定邻居，距离一个元胞内的所有元胞被认为是该元胞的邻居。⑤转换规则，在元胞自动机中，空间局部范围内某一个元胞在下一时刻的状态由该时刻其本身的状态和它的邻居元胞的状态共同决定。将一个元胞的所有可能状态连同负责该元胞的状态变换规则一起称为一个变换函数。

镁合金材料具有较低的层错能，具有较高的晶界扩散速度，晶界容易吸收在亚晶界上堆积的层错能发生动态再结晶，因此组织和性能得到改善。动态再结晶的形核以及晶粒的长大对位错密度有决定性的影响，动态再结晶的形核导致位错密度积累和增加，晶粒的长大导致位错密度的消失和减少。

为了揭示镁合金材料在加热过程中的组织演变规律，采用元胞自动机方法对 AZ31 镁合金在加热过程中的动态再结晶演变规律进行数值分析，分析加热工艺参数对镁合金材料微观组织的影响规律，建立微观组织晶粒尺寸与加热工艺参数的数学模型。

6.7.1 恒温条件下镁合金组织演变模拟结果分析

（1）加热温度和保温时间对镁合金晶粒组织的影响

采用 CA 法对镁合金板材在加热过程中微观组织变化规律进行了数值模拟研究，其中加热温度及保温时间对镁合金材料的微观组织都有影响，如图 6.69 所示。

对应于图 6.69 的晶粒尺寸与加热温度及保温时间的变化曲线如图 6.70 所示。由图 6.70（a）可知，随着加热温度的升高，镁合金板材的晶粒尺寸也随着增大。在加热温度 200℃及保温 10min 后晶粒尺寸为 $9.71\mu m$，在加热温度 250℃及保温 10min 后的晶粒尺寸为 $15\mu m$，在加热温度 300℃及保温 10min 时对应的晶粒尺寸为 $25\mu m$，在加热温度 350℃及保温 10min 后对应的为 $27.5\mu m$，在加热温度 400℃及保温 10min 后对应的晶粒尺寸为 $34\mu m$。晶粒尺寸随着加热温度的升高而增大，这是由于在加热保温过程中，晶粒发生静态再结晶，且温度越高，晶粒长大速度越大。晶粒尺寸的增长与保温时间的关系见图 6.70（b），晶粒尺寸的增长趋势基本与保温 10min 时候的晶粒尺寸相类似，而且在相同的加热温度下，随着保温时间的增长，晶粒的尺寸也会有一定程度的增大，但是效果不如温度变量产生的影响强烈。总之，在保温时间一定的条件下，晶粒尺寸随着加热温度的增长而增大，而且变化显著；在加热温度一定的条件下，晶粒尺寸随着保温时间的增长而略有增加，其变化不很明显。

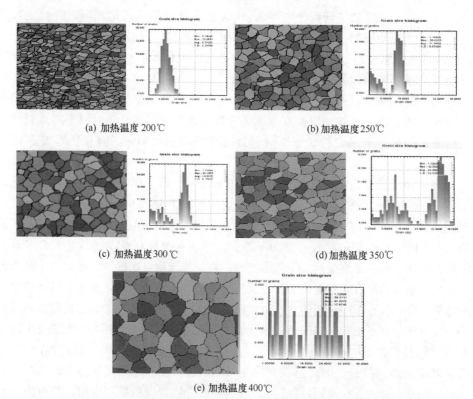

(a) 加热温度 200℃ 　　　　　　　(b) 加热温度 250℃

(c) 加热温度 300℃ 　　　　　　　(d) 加热温度 350℃

(e) 加热温度 400℃

图 6.69　不同加热温度在保温时间 10min 时镁合金材料微观组织

（2）模拟结果与实验结果分析

图 6.71 为采用 CA 法对镁合金板材在加热过程中微观组织的模拟结果与实验结果的对比。图 6.72 为对应于图 6.71 组织分布的晶粒尺寸变化曲线。图 6.72（a）为不同加热温度

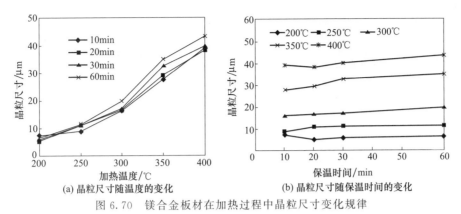

(a) 晶粒尺寸随温度的变化　　　　(b) 晶粒尺寸随保温时间的变化

图 6.70　镁合金板材在加热过程中晶粒尺寸变化规律

下保温 10min 的实验数据与计算结果对比，图 6.72（b）为加热温度 300℃时在不同的保温时间条件下的模拟结果与实验数据对比，最大相对误差为 16.5%。

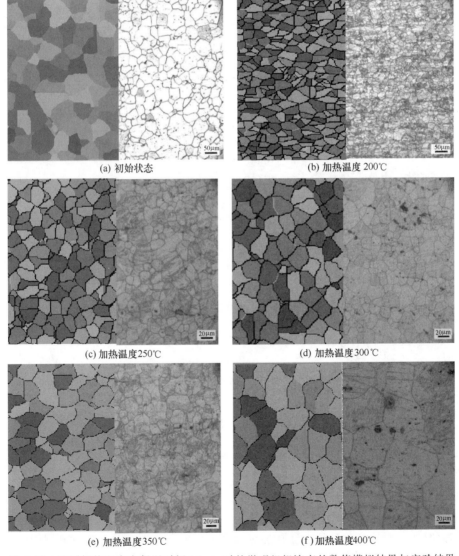

(a) 初始状态　　　　　　　　　　(b) 加热温度 200℃

(c) 加热温度250℃　　　　　　　　(d) 加热温度300℃

(e) 加热温度350℃　　　　　　　　(f) 加热温度400℃

图 6.71　不同加热温度在保温时间 10min 时的微观组织演变的数值模拟结果与实验结果

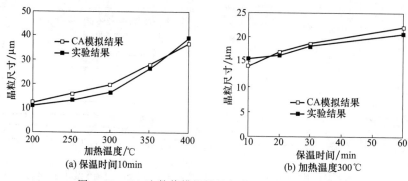

图 6.72　CA 法数值模拟结果与实验结果对比曲线

6.7.2　镁合金恒温条件下晶粒尺寸预测模型

根据图 6.70 的数据，由于晶粒尺寸与加热温度、保温时间的变化规律分别接近于线性关系，因此可以设定晶粒尺寸与加热温度（T）及保温时间（t）的数学关系，见式（6.25）。

$$d = mT + n \tag{6.25}$$

式中，函数 $m = f_1(t)$ 和 $n = f_2(t)$ 由实验确定；d 为晶粒尺寸，μm；T 为加热温度，℃；t 为保温时间，min。

m 值与保温时间的关系曲线见图 6.73（a），n 值与保温时间的关系曲线见图 6.73（b）。根据图 6.73 的曲线，可以得到 m 值和 n 值的表达式：

$$\left. \begin{array}{l} m = 0.0006t + 0.1585 \\ n = 0.1084t + 28.559 \end{array} \right\} \tag{6.26}$$

由式（6.25）和式（6.26）可以得到晶粒尺寸与加热温度及保温时间的数学表达式：

$$d = (0.0006t + 0.1585)T + 0.1084t + 28.559 \tag{6.27}$$

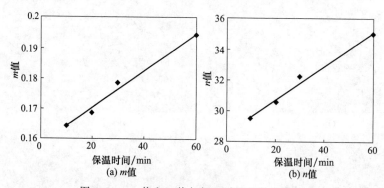

图 6.73　m 值和 n 值与保温时间的关系曲线

晶粒尺寸模型计算结果与实验结果对比如图 6.74 所示，晶粒尺寸模型计算结果与实验结果相吻合，相对误差小于 11.6%。

研究结果表明，①元胞自动机方法（CA 法）可以用来预测镁合金恒温加热过程中微观组织的演变规律；②对于 AZ31 镁合金材料，在保温时间一定的条件下，晶粒尺寸随加热温度的增加而增加，而且变化显著；③在加热温度一定的条件下，晶粒尺寸随保温时间的增长而略有增加，其变化不很明显；④采用 CA 法对镁合金板材在加热过程中微观组织的模拟结

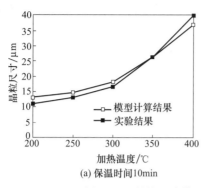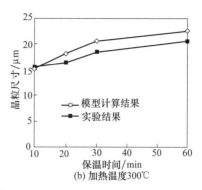

图 6.74 晶粒尺寸模型计算结果与实验结果对比

果与实验结果相吻合，最大相对误差为 16.5%；⑤根据数值模拟结果和实验结果，确定了镁合金材料在加热过程中，晶粒尺寸（d）与加热温度（T）及保温时间（t）的数学表达式，晶粒尺寸模型计算结果与实验结果相吻合，相对误差小于 11.6%。

6.8 基于元胞自动机的镁合金复合变形组织演变规律

6.8.1 元胞自动机（CA法）有关模型的建立

（1）位错密度模型

镁合金复合变形属于热加工过程，镁合金热塑性变形过程中存在加工硬化和软化机制，镁合金层错能较低，软化机制中的动态回复不强，位错密度主要产生在塑性变形过程中积累的变形位错。在数值模拟计算时，采用位错模型[54]：

$$\mathrm{d}\rho_i = (h - r\rho_i)\mathrm{d}\varepsilon \tag{6.28}$$

$$h = h_0 \left(\frac{\dot{\varepsilon}}{\dot{\varepsilon}_0}\right)^m \exp\frac{mQ_b}{RT} \tag{6.29}$$

$$r = r_0 \left(\frac{\dot{\varepsilon}}{\dot{\varepsilon}_0}\right)^{-m} \exp\frac{-mQ_b}{RT} \tag{6.30}$$

式中，ρ_i 为元胞的位错密度；h 为应变硬化参数；r 为回复参数；ε 为应变；m 为应变速率敏感系数（数值一般取为 0.2）；h_0 为硬化常数；r_0 为回复常数；$\dot{\varepsilon}$ 为应变速率；$\dot{\varepsilon}_0$ 为应变速率校准常数；Q_b 为变形激活能；R 为气体常数，$R = 8.314\mathrm{J/(mol \cdot K)}$；$T$ 为镁合金板材初始温度。

（2）形核模型

镁合金动态再结晶的形核与位错密度有关。随着应变速率的增大，位错密度 ρ 以一定速率增大，达到临界值 ρ_c 时，新晶粒开始在晶界处以一定形核速率 $\dot{N}$ 开始形核。Robert 和 Ahlblom 的研究表明，认为形核速率 $\dot{N}$ 与应变速率 $\dot{\varepsilon}$ 呈线性关系：

$$\dot{N} = C\dot{\varepsilon}^\alpha \tag{6.31}$$

式中，$\dot{N}$ 为形核速率；C 与 α 表示常数，$\alpha = 0.9$，$C = 200$。

（3）动态再结晶模型

动态再结晶发生的驱动力主要来源于变形存储能的降低。动态再结晶晶粒的生长速度与单位面积的驱动力呈线性关系。

$$\dot{d}_i = \frac{b}{kT} D \exp\left(\frac{-Q_b}{RT}\right) F_i / (4\pi r_i^2) \tag{6.32}$$

$$F_i = 4\pi r_i^2 \tau (\rho_m - \rho_i) - 8\pi r_i \gamma_i \tag{6.33}$$

式中，$\dot{d}_i$ 表示再结晶第 i 个晶粒的生长速度；k 表示玻尔兹曼常数；r_i 表示第 i 个动态再结晶晶粒的半径；b 表示伯格斯矢量；D 表示扩散系数；Q_b 表示自扩散激活能；F_i 表示单位面积的驱动力；ρ_i 表示位错密度；ρ_m 表示与之相邻晶粒的位错密度；τ 表示线位错能，见式（6.34）；γ_i 表示界面能，见式（6.35）。

$$\tau = 0.5 G b^2 \tag{6.34}$$

$$\gamma_i = \gamma_m \frac{\theta_i}{\theta_m} \left(1 - \ln \frac{\theta_i}{\theta_m}\right) \tag{6.35}$$

式中，τ 表示线位错能，G 表示剪切模量，θ_i 表示再结晶晶粒的取向，θ_m 表示相邻晶粒的取向，γ_m 为晶界成为大角度晶界时的界面能：

$$\gamma_m = \frac{b G \theta_m}{4\pi(1-\mu)} \tag{6.36}$$

式中，μ 表示泊松比。

（4）回复模型

在热加工过程中，在金属内部同时进行着加工硬化与回复再结晶软化两个相反的过程。在计算软件中采用的回复模型为 Goetz[56] 提出的，即每一时间步随机选取一定数量的元胞 N，使其位错密度降低一半，见式（6.37）。

$$\rho_{i,j}^t = \rho_{i,j}^{t-1} / 2 \tag{6.37}$$

使得各个元胞的位错密度分布不均匀。元胞数量 N 由式（6.38）确定。

$$N = \left(\frac{\sqrt{2}M}{K_1}\right)^2 \dot{\rho}^2 \tag{6.38}$$

式中，M 表示 CA 模型中总元胞数；K_1 表示常数，取 6030；$\dot{\rho}$ 表示位错密度增长速率。

（5）流变应力模型

金属材料在热加工过程中，流变应力、变形温度和应变速率之间的关系可以表示为某些微观特征的函数，AZ31 镁合金的流动应力模型：

$$\dot{\varepsilon} = 5.718 \times 10^{20} [\sinh(0.0081\sigma_s)]^{9.13} \exp\left(-\frac{252218}{RT}\right) \tag{6.39}$$

式中，σ_s 为材料流变应力，MPa；$\dot{\varepsilon}$ 为应变速率，s^{-1}；T 为变形温度，K；R 为气体常数，8.314J/(mol·K)。

（6）元胞自动机模型[55,56]

在采用元胞自动机方法模拟计算时，AZ31 镁合金的应变硬化参数模型见式（6.40），回复参数模型见式（6.41），应变硬化速率模型见式（6.42），屈服强度模型见式（6.43）。

$$h = 10^{13} \dot{\varepsilon}^m \exp\left[\frac{0.17Q_b}{RT}\right] \tag{6.40}$$

$$r = 17.7 \dot{\varepsilon}^{-0.17} \exp\left[-\frac{0.17Q_b}{RT}\right] \tag{6.41}$$

$$\dot{n} = \frac{\partial \sigma}{\partial \varepsilon} = 136 \dot{\varepsilon}^{0.17} \exp\left[\frac{0.17 Q_b}{RT}\right] \tag{6.42}$$

$$\sigma_s = \alpha G b \sqrt{\frac{10^{13}}{17.7}} \dot{\varepsilon}^{0.17} \exp\left[\frac{0.17 Q_b}{RT}\right] \tag{6.43}$$

动态再结晶运动学和动力学模型见式（6.44）～式（6.48）。

$$X_{\text{dyn}} = 1 - \exp\left[-1.803\left(\frac{\varepsilon - \varepsilon_c}{\varepsilon_s - \varepsilon_c}\right)^{2.231}\right] \tag{6.44}$$

$$\varepsilon_c = 0.168 \times 10^{-2} Z^{0.083} \tag{6.45}$$

$$\varepsilon_{\text{st}} = 0.0027 Z^{0.118} \tag{6.46}$$

$$Z = \dot{\varepsilon} \exp\left(\frac{33112}{RT}\right) \tag{6.47}$$

$$d^{1.683} = 20.08^{1.683} + 3766.978 t^{1.03} \exp\left(-\frac{33112}{RT}\right) \tag{6.48}$$

式中，X_{dyn} 为动态再结晶体积分数，%；ε 为应变；T 为变形温度，K；t 为加热时间，min；n 为应变硬化指数；d 为动态再结晶晶粒尺寸，μm；ε_c 为临界应变；ε_{st} 为稳态应变。

（7）元胞自动机应用

元胞自动机（Cellular Automata，简称 CA）是一种时间和空间以及对象的状态都是离散形式的动力学模型，也是目前研究非线性科学的重要研究工具。散布在规则格网（Lattice grid）中的每一元胞（Cell）取有限的离散状态，遵循同样的作用规则，依据确定的局部规则作同步更新。大量元胞通过简单的相互作用而构成动态系统的演化，很多非线性物理现象都可以采用元胞自动机法进行模拟，因此元胞自动机可用于研究很多一般的自然现象，在材料成型及控制工程领域亦有较为广泛的应用。元胞自动机可用来研究很多一般现象。其中包括通信、信息传递（Communication）、计算（Computation）、构造（Construction）、材料学（Grain Growth）、复制（Reproduction）、竞争（Competition）与进化（Evolution）等。同时，它为动力学系统理论中有关秩序（Ordering）、紊动（Turbulence）、混沌（Chaos）、非对称（Symmetry-Breaking）、分形（Fractality）等系统整体行为与复杂现象的研究提供了一个有效的模型工具。

采用有限元计算软件和元胞自动机（CA）模块相结合对 AZ31 镁合金复合变形过程中组织演变规律进行数值模拟分析。在元胞自动机（CA）模块中，采用 330×440 的四边形空间，每个元胞尺寸为 1μm，所模拟的区域代表 0.33mm×0.44mm 的实际样品。邻居类型采用 Moore 邻居。图 6.75a 为采用元胞自动机方法得到的初始晶粒，图中不同的颜色代表不同的晶粒取向，从而可以区分不同的晶粒。在分析试样金相组织时，A 点和 B 点的位置为取样位置，见图 6.75（b）。

镁合金具有较低的层错能，因此比其他金属更容易发生晶界扩散，且扩散速度较快，晶界处更容易吸收亚晶界上的层错能导致动态再结晶的长生，从而细化镁合金的组织和提高镁合金性能。

6.8.2 镁合金性能参数及研究方案

（1）性能参数

AZ31 镁合金复合变形时的材料参数如表 6.3 所示。

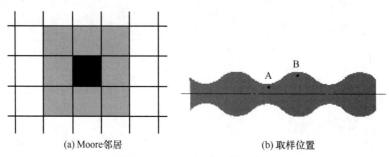

(a) Moore邻居   (b) 取样位置

图 6.75   元胞自动机模拟模型

表 6.3   AZ31 镁合金复合变形时的材料参数

物理量	单位	数值
初始位错密度 ρ_0	m^{-2}	10^{10}
剪切模量 G	MPa	17000
晶界扩散激活能 Q_b	kJ/mol	134.105
应变激活能 Q	kJ/mol	252.218
常数 K_1	—	6030
硬化常数 h_0	—	10^{13}
回复常数 r_0	—	17.7

（2）研究方案

复合变形工艺参数为：波形模具齿间距（s）为 10mm，板材初始厚度 7mm，变形温度分别为 200℃、250℃、300℃、350℃、400℃，模具预热温度分别为 25℃、100℃、150℃、200℃、250℃，压下量（h）分别为 1mm、2mm、3mm。复合变形系数分别为 0.1、0.2、0.3。压下速度为 30mm/min。数值模拟中的初始晶粒尺寸与实验测得的初始晶粒尺寸相同，即平均晶粒尺寸为 49.5μm。在加热过程中，炉内保温温度分别为 250℃、300℃、350℃，炉内保温时间分别为 10min。

6.8.3   模拟结果分析

（1）动态再结晶过程

动态再结晶过程的计算机模拟结果如图 6.76 所示。随着变形过程的发展，在晶界处开始形核，产生了很多细小的新晶粒。这些新颗粒逐渐长大，覆盖了原来的粗大晶粒。最后实现了完全的动态再结晶过程。动态再结晶过程的机理：初始状态→新晶粒形核→新晶粒的产生→新晶粒的生长→新晶粒的连续生长→新晶粒覆盖原始大晶粒。

（2）变形温度对镁合金微观组织的影响

当模具温度为 150℃，复合变形系数为 0.3，变形温度分别为 250℃、300℃、350℃，变形区的微观组织如图 6.77（a）、（b）、（c）所示。变形区的晶粒尺寸分别为 7.4μm、6.3μm 和 5.8μm。

当模具温度是 150℃，复合变形系数为 0.2，变形温度分别为 250℃、300℃、350℃，变形区的微观组织如图 6.77（d）、（e）、（f）所示。变形区的晶粒尺寸分别为 15.2μm、13.5μm 和 12.4μm。

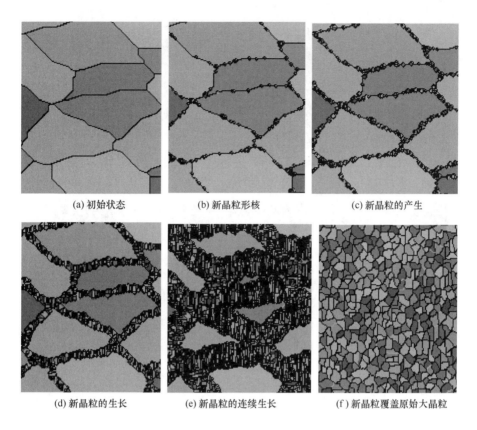

(a) 初始状态　　　　　　　(b) 新晶粒形核　　　　　　　(c) 新晶粒的产生

(d) 新晶粒的生长　　　　(e) 新晶粒的连续生长　　　(f) 新晶粒覆盖原始大晶粒

图 6.76　镁合金复合形变动态再结晶过程

这是由于温度升高，塑性变形更加剧烈，位错运动速率加快，位错密度增加，且温度较高，动态再结晶条件能够得到更好的满足，导致镁合金动态再结晶的大量发生，使晶粒得到重新生成，进而细化晶粒。故此随着变形温度的升高，镁合金复合变形后晶粒尺寸降低。

（3）复合变形系数对镁合金微观组织的影响

镁合金发生动态再结晶不仅受到变形温度的影响，变形量对动态再结晶的影响更加重要。动态再结晶激活需要得到临界驱动力，驱动力的大小取决于位错密度的高低，故此应变量的增大导致位错密度的增加至临界值后，则激活动态再结晶。

当变形温度为 300℃，AZ31 镁合金板材在不同复合变形系数条件下的微观组织如图 6.78（a）、（b）、（c）所示。结果表明，当复合变形系数为 0.1，平均晶粒尺寸为 19.7μm，当复合变形系数为 0.2，平均晶粒尺寸为 13.5μm，当复合变形系数为 0.3，平均晶粒尺寸为 6.3μm。当位错密度增大到临界位错密度，再结晶晶粒出现在晶界。随着复合变形系数的增加，位错密度增大，晶粒逐渐消失，动态再结晶晶粒逐渐细化，平均晶粒尺寸减小。当变形温度为 350℃，复合变形系数分别为 0.1、0.2、0.3 时，平均晶粒尺寸分别为 18.5μm、12.4μm、5.8μm [图 6.78（d）、（e）、（f）]。

（4）复合变形中不同变形量对微观组织的影响

当变形温度为 300℃，镁合金板材在不同压下率时的微观组织见图 6.79 所示。结果表明，当压下率为 14.3% ，平均晶粒尺寸为 28.3μm；当压下率为 28.5%时，平均晶粒尺寸为 13.5μm；当压下率为 43.2%时，平均晶粒尺寸为 6.3μm。

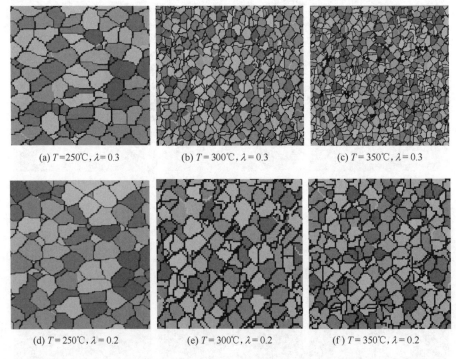

(a) $T=250℃, \lambda=0.3$　　　　(b) $T=300℃, \lambda=0.3$　　　　(c) $T=350℃, \lambda=0.3$

(d) $T=250℃, \lambda=0.2$　　　　(e) $T=300℃, \lambda=0.2$　　　　(f) $T=350℃, \lambda=0.2$

图 6.77　不同变形温度条件下的 AZ31 镁合金微观组织

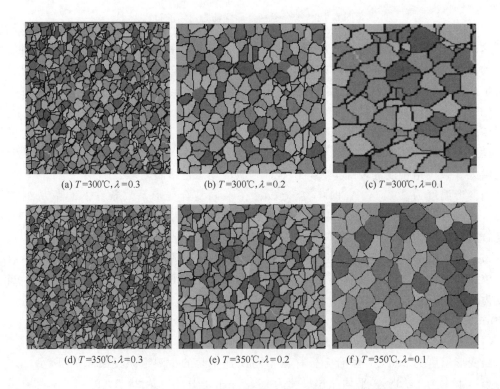

(a) $T=300℃, \lambda=0.3$　　　　(b) $T=300℃, \lambda=0.2$　　　　(c) $T=300℃, \lambda=0.1$

(d) $T=350℃, \lambda=0.3$　　　　(e) $T=350℃, \lambda=0.2$　　　　(f) $T=350℃, \lambda=0.1$

图 6.78　不同复合变形系数条件下的 AZ31 镁合金微观组织

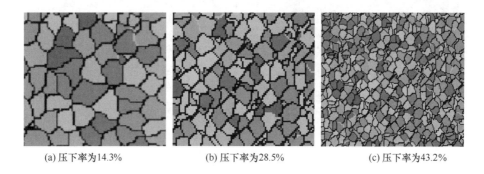

(a) 压下率为14.3%　　　　(b) 压下率为28.5%　　　　(c) 压下率为43.2%

图 6.79　不同压下率条件下的微观组织（$T=300℃$，$\lambda=0.3$）

（5）齿间距对镁合金微观组织的影响

在变形温度 $T=300℃$，齿间距对板材微观组织的影响规律如图 6.80（a）、（b）、（c）；在变形温度 $T=350℃$，齿间距对板材晶粒组织的影响规律如图 6.80（d）、（e）、（f）。随着齿间距的增加，晶粒尺寸逐渐增加，齿间距增大，变形区域减小，变形程度减弱，相对位错密度降低，不易激活动态再结晶，动态再结晶程度减弱，晶粒不能产生大量细化，进而导致晶粒尺寸增加。

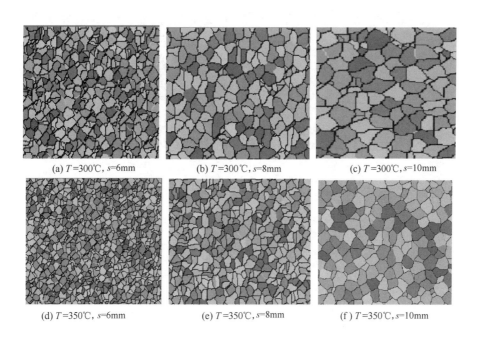

(a) $T=300℃$, $s=6mm$　　(b) $T=300℃$, $s=8mm$　　(c) $T=300℃$, $s=10mm$

(d) $T=350℃$, $s=6mm$　　(e) $T=350℃$, $s=8mm$　　(f) $T=350℃$, $s=10mm$

图 6.80　不同齿间距时的微观组织

（6）数值模拟结果的实验验证

图 6.81 为复合变形后镁合金材料的微观组织模拟结果与实验结果对比分析，图 6.82 为 CA 法数值模拟得到的复合变形后镁合金材料的晶粒尺寸与实验结果数值对比。数值模拟结果与实验结果相吻合，相对误差均小于 15.4%。实验结果证明，元胞自动机（CA 法）可以用来预测 AZ31 镁合金复合变形后的微观组织演变规律。

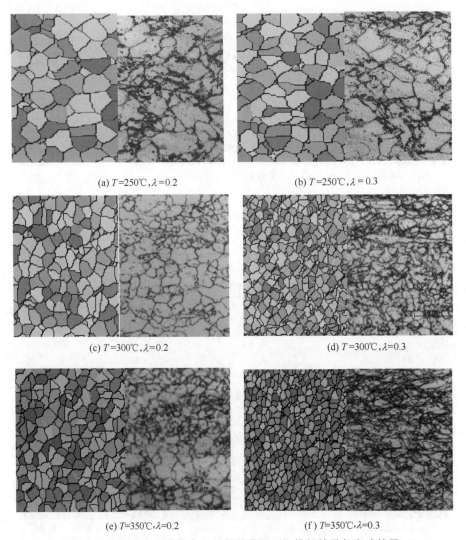

(a) T=250℃, λ=0.2

(b) T=250℃, λ=0.3

(c) T=300℃, λ=0.2

(d) T=300℃, λ=0.3

(e) T=350℃, λ=0.2

(f) T=350℃, λ=0.3

图 6.81　复合变形后镁合金材料的微观组织模拟结果与实验结果

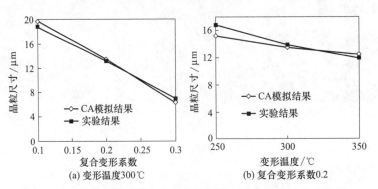

(a) 变形温度300℃

(b) 复合变形系数0.2

图 6.82　复合变形后镁合金材料晶粒尺寸模拟结果与实验结果

在不同工艺参数条件下，数值模拟得到的复合变形的 AZ31 镁合金的晶粒尺寸与工艺参数之间的关系，如图 6.83 所示。可以看出，变形温度和复合变形系数对 AZ31 镁合金晶粒尺寸的影响很明显，镁合金板材的晶粒尺寸随着变形温度和复合变形系数的增加而减小。

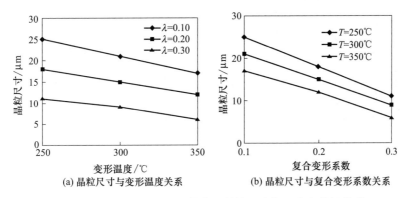

图 6.83 复合变形的 AZ31 镁合金晶粒尺寸与工艺参数间关系

6.8.4 晶粒尺寸变化模型

从图 6.83 的模拟结果可以看出，晶粒尺寸与变形温度和复合变形系数之间的关系接近线性关系。因此，晶粒尺寸（d）与变形温度（T）和复合变形系数（λ）的关系可以设计为方程（6.49）的形式。

$$d = mT + n \tag{6.49}$$

式中，d 为晶粒尺寸，μm；T 为变形温度，℃；λ 为复合变形系数；系数 $m = f_1(\lambda)$，$n = f_2(\lambda)$，由实验数据确定。

根据图 6.83 所示的数据，按照式（6.49）的形式进行拟合分析，可以得到不同复合变形系数条件下的 m 值和 n 值与变形工艺参数之间的关系，如图 6.84 所示。

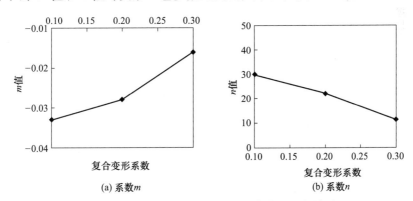

图 6.84 系数 m 和 n 与变形工艺参数之间的关系

对图 6.84 所示的曲线进行拟合分析，得到系数 m 和 n 与复合变形系数之间的关系式，见式（6.50）。

$$\left.\begin{array}{l} m = 0.1143\lambda - 0.0504 \\ n = -121.71\lambda + 47.471 \end{array}\right\} \tag{6.50}$$

将式（6.50）代入式（6.49），就可以得到晶粒尺寸（d）与变形温度（T）和复合变形系数（λ）之间的关系式，见式（6.51）。式（6.51）所示的晶粒尺寸计算模型的计算结果与实验结果的对比分析见图 6.85，相对误差小于 15.5%。

$$d = (0.1143\lambda - 0.0504)T - 121.71\lambda + 47.471 \tag{6.51}$$

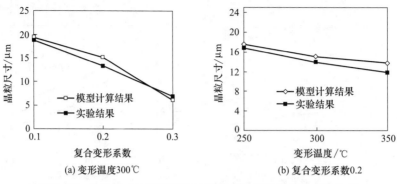

图 6.85　晶粒尺寸计算模型的计算结果与实验结果的对比分析

研究结果表明，①采用元胞自动机方法（CA 法）对 AZ31 镁合金压痕-压平复合变形过程中的动态再结晶组织演变过程进行了数值模拟研究，模拟结果与实验结果相吻合，相对误差小于 15.4％，证明了元胞自动机方法可以用来预测 AZ31 镁合金在复合变形过程中的微观组织演变过程。②AZ31 镁合金复合变形过程中，随着变形温度的升高、复合变形系数的增加以及压下率的增大，晶粒尺寸都显著降低。③根据数值模拟和实验研究结果，建立了 AZ31 镁合金复合变形过程中动态再结晶晶粒尺寸（d）与变形温度（T）和复合变形系数（λ）之间的数学模型，模型计算值与实验结果相吻合，相对误差均小于 15.5％。

6.9　镁合金复合变形后的力学性能

（1）复合变形系数对力学性能的影响

图 6.86 为复合变形系数与力学性能关系，随着复合变形系数的增大，变形程度增大，硬度及抗拉强度随之增大。

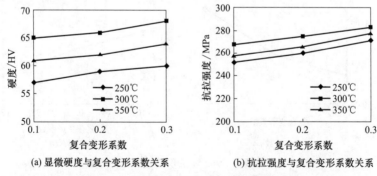

图 6.86　复合变形系数对力学性能的影响

（2）模具预热温度对力学性能的影响

图 6.87（a）为模具预热温度对复合变形后的 AZ31 镁合金拉伸曲线的影响规律，图 6.87（b）为 AZ31 镁合金板材经过复合变形（IFCDT）后的力学性能与原始坯料的比较。从图中可知，室温时，屈服强度为 189MPa，抗拉强度为 248MPa，随着模具温度的升高，屈服强度和抗拉强度均有较大的提升。模具温度从 150℃ 到 200℃ 时，抗拉强度从 295MPa 到 298MPa，上升幅度较小。测定 150℃ 时延伸率为 17.2％，因此，综合分析，确定模具的温度为 150℃。此时屈服强度为 212MPa，抗拉强度为 298MPa，延伸率为 17.2％。

复合变形后的镁合金性能与初始状态相比，屈服强度提高了 25.4％，抗拉强度提高了 20.1％，延伸率提高了 34.3％。

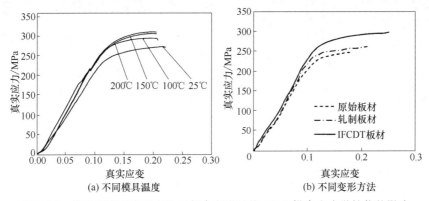

(a) 不同模具温度   (b) 不同变形方法

图 6.87　模具温度和变形方法对复合变形后的 AZ31 镁合金力学性能的影响

图 6.88 为 AZ31 镁合金复合变形后的 AZ31 镁合金的室温应力-应变曲线。

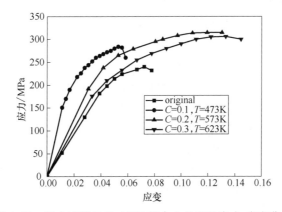

图 6.88　复合变形后的 AZ31 镁合金的室温应力-应变曲线

第7章
镁合金复合变形相关技术

7.1 镁合金滚压-轧制复合变形技术

交叉轧制、异步轧制、往复弯曲等变形方法可以有效提高镁合金轧制板材的成形性能及力学性能。但由于工艺特点所限，交叉轧制不利于实现产业化生产，不利于生产大尺寸板材。异步轧制、往复弯曲变形方法产生切向应变量及变形的方向性限制，因此产生的孪晶组织及织构具有一定的方向性，材料各向异性改善不明显，成形性能及力学性能的提高程度不明显。此外异步轧制的板材质量受到一定局限，往复弯曲变形工艺不利于实现自动化生产。而滚压-轧制复合变形可以改善镁合金板材各个方向上的切向应变量，因此可以改善各个方向上的孪晶组织及织构分布，细化镁合金板材晶粒和弱化织构，有效提高镁合金板材的成形性能及力学性能，适用于高精度镁合金板材轧制生产，而且易于大规模实现自动化生产。

（1）滚压-轧制复合变形定义

镁合金板材经过滚压变形（称为一次变形），加工出波形坯料；再经过平面轧制变形（称为二次变形，变形量很小），加工出性能更加优良的镁合金板材，这种变形过程定义为滚压-轧制复合变形技术。滚压-轧制复合变形技术原理见图7.1。

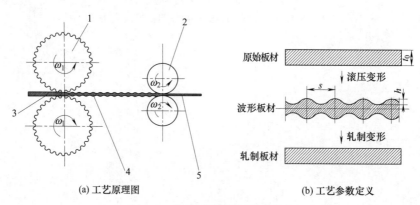

(a) 工艺原理图 　　　　　　　　　　　(b) 工艺参数定义

图 7.1　滚压-轧制复合变形技术

1—滚压辊；2—轧辊；3—原始板材；4—滚压后板材形状；5—轧制后板材

滚压-轧制复合变形涉及的工艺参数：滚齿间距 s，滚压齿 h，复合变形系数（λ）定义为 $\lambda = h/s$，板材原始厚度 t_0，滚压-轧制复合变形后板材厚度 t_1，$t_1 = t_0 - h$，见图 7.1(b)。变形程度，$\Phi = h/t_0$。

（2）滚压-轧制复合变形工艺作用

滚压-轧制复合变形产生的激烈切向变形加剧了动态再结晶发生，可以产生更多的孪晶组织、更多的滑移系，有利于细化晶粒和弱化基面织构，提高成形性能。滚压-轧制复合变形可以有效改善镁合金板材横向、厚度方向、径向方向上的受力情况及材料流动，不仅可以进一步改善镁合金板材径向方向上的孪晶组织及织构，还可以改善板材横向和厚度方向上的孪晶组织及织构。

由于压缩应变是镁合金材料产生孪晶的主要因素，因此经过压缩变形和拉伸变形的交替作用，使材料发生压缩变形→孪晶组织形成→发生动态再结晶→孪晶消失→晶粒细化的组织演变过程，形成分布均匀的细小的晶粒组织。

镁合金滚压-轧制复合变形优点在于可以用来制备高性能镁合金板材，可以细化晶粒和弱化基面织构，提高板材成形性能。此外可以实现连续板带生产，性能改善显著，操作和控制方便。通过改变滚齿尺寸和数量来实现不同变形量的轧制生产。

技术原理：镁合金板材经过滚压辊（滚压辊与滚齿为一体结构）而产生滚压变形（在镁合金板材表面压制出横向或者斜向波形形状）后，再经过平面轧辊产生二次变形（横向或者斜向波形被压平），恢复平板材料状态。

滚压-轧制复合变形方法的优点：采用滚压-轧制复合变形制备高性能镁合金板材，可以细化晶粒和弱化基面织构，提高板材成形性能。此外可以实现连续板带生产，性能改善显著，操作和控制方便。通过改变滚齿尺寸和数量来实现不同变形量的滚压-轧制生产。

（3）具体实施方式

将该技术应用于高性能 AZ31 镁合金板材制备生产中获得了很好的效果。滚压-轧制复合变形工艺参数：滚齿间距 $s=10\text{mm}$，滚压齿高 $h=3\text{mm}$，复合变形系数 $\lambda=0.3$，板材原始厚度 $t_0=7\text{mm}$，滚压-轧制复合变形后板材厚度 $t_1=4\text{mm}$。轧制温度为 350℃，轧辊转速为 20r/min。采用本技术制备的 AZ31 镁合金板材室温性能见表 7.1。

表 7.1　AZ31 镁合金板材室温性能

性能参数	屈服极限/MPa	抗拉强度/MPa	延伸率/%	平均晶粒尺寸/μm	织构强度
原始板材	120	210	7.2	56.5	9.59
复合变形后板材	159	215	14.8	5.6	3.50

7.2　镁合金滚弯-轧制复合变形技术

滚弯-轧制复合变形方法，即将镁合金板材经过热滚弯变形（一次变形）后产生剧烈切向变形，再经过平面轧制变形（二次变形）再次产生相反方向的剧烈切向变形，使板材恢复到原来的表面平整度，这种变形方法称为滚弯-轧制复合变形技术。

作用：镁合金板材经过滚弯-轧制复合变形后，可以有效改善镁合金板材的孪晶组织及织构、使晶粒取向分散、弱化了基面织构以及弱化了板材的各向异性，显著提高镁合金板材的室温成形性能及力学性能。

剧烈切向变形产生机理：经过滚弯-轧制复合变形后，板材中的各个质点都经历一次从拉伸变形到压缩变形（或者从压缩变形到拉伸变形）的交替变化，产生压缩孪晶和拉伸孪晶。通过压缩孪晶和拉伸孪晶的交互作用，改善了镁合金板材的孪晶组织及织构、使晶粒取向分散、弱化了基面织构以及弱化了板材的各向异性，显著提高镁合金板材的室温成形性能及力学性能。

　　镁合金晶粒细化机理：在弯曲变形区外侧，沿着板材方向的应变为拉伸应变，在弯曲变形区内侧，沿着板材方向的应变为压缩应变，在二次平面轧制变形时，应变状态恰好相反。这样在变形区的同一个质点将产生压缩变形与拉伸变形的交替变化，可以有效改善镁合金板材的性能。由于压缩应变是镁合金材料产生孪晶的主要因素，因此经过压缩变形和拉伸变形的交替作用，使材料发生压缩变形→孪晶组织形成→发生动态再结晶→孪晶消失→晶粒细化的组织演变过程，形成分布均匀的细小的晶粒组织，改善镁合金材料性能。

　　采用的技术方案：

　　滚弯-轧制复合变形方法的原理如图 7.2（a）所示。

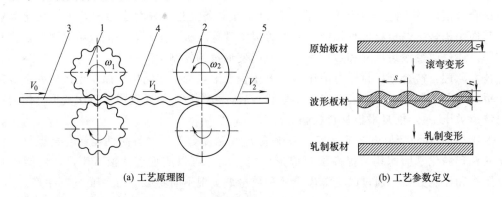

(a) 工艺原理图　　　　　　　　　　　　(b) 工艺参数定义

图 7.2　滚弯-轧制复合变形技术

1—滚弯辊；2—平面轧辊；3—初始板材；4—滚弯后波形板材；5—轧制后平面板材

　　其技术方案是镁合金板材经过滚弯辊 1 产生一次变形，使初始镁合金板材发生弯曲变形，加工出波形板材；将波形板材再经过平面轧辊 2 进行平面轧制变形，使波形板材产生二次变形，加工出平面板材。

　　滚弯-轧制复合变形方法的工艺参数包括：滚弯齿间距（s）、滚弯齿高度（h）、复合变形系数（$\lambda=h/s$）、板材原始厚度（t_0），如图 7.2（b）所示。滚弯辊 1 的线速度 V_1，平面轧辊 2 的线速度 V_2，速度匹配关系 V_1/V_2。滚弯辊 1 和平面轧辊 2 的预热温度 T_1，镁合金板材变形温度 T。

　　滚弯辊 1 的滚齿方向可以是直齿，即滚弯齿方向与轧制方向垂直，见图 7.3（a）。

　　滚弯辊 1 的滚齿方向可以是纵齿，即滚弯齿方向与轧制方向平行，见图 7.3（b）。

　　滚弯辊 1 可以采用整体嵌入式结构，图 7.4（a）为整体嵌入式滚弯辊装配图，滚弯辊固定在滚弯辊辊芯上，二者以相同的角速度旋转。

　　滚弯辊 1 可以采用分体装配式结构，图 7.4（b）为分体装配式滚弯辊结构装配图，分体式滚弯辊通过螺栓固定在滚弯辊辊芯上，二者以相同的角速度旋转。

　　滚弯-轧制复合变形方法的工作原理：

　　实施操作规程：第一步，根据坯料尺寸确定合理的复合变形工艺参数；第二步，将滚弯辊 1 和平面轧辊 2 预热到 250～280℃；第三步，将镁合金板材加热到 300～350℃，保温15min；第四步，将加热的镁合金板材 3 经过滚弯辊 1 产生滚弯变形后，加工出波形板材 4；第五步，将波形板材再经过平面轧辊 2 产生平面轧制变形，加工出平面板材 5。

　　滚弯-轧制复合变形方法的优点与效果：

　　镁合金板材经过滚弯-轧制复合变形后，使板材中的各个质点都经历一次从拉伸变形到压

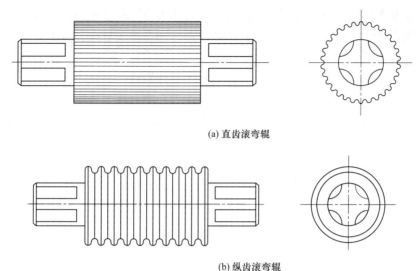

(a) 直齿滚弯辊

(b) 纵齿滚弯辊

图 7.3　滚弯辊形状

(a) 整体嵌入式结构滚弯辊装配图　　　　　　(b) 分体装配式滚弯辊装配图

图 7.4　滚弯辊立体结构图

缩变形（或者从压缩变形到拉伸变形）的交替变化，产生压缩孪晶和拉伸孪晶。通过压缩孪晶和拉伸孪晶的交互作用，改善了镁合金板材的孪晶组织及织构、使晶粒取向分散、弱化了基面织构以及弱化了板材的各向异性，显著提高镁合金板材的室温成形性能及力学性能。此外，可以实现板带连续加工生产、易于操作和控制方便等优点，易于实现大规模自动化生产。

7.3　一种在线连续轧辊加热方法及装置

（1）技术背景

在板材热轧生产工艺中，需要对轧辊进行加热，以保证坯料在轧制过程中温度保持稳定，有利于提高板材质量。对于难变形材料的轧制工艺，对轧辊进行加热并保证轧辊温度稳定且分布均匀，是关键技术之一。目前，在板材轧制过程中，对轧辊进行加热的方法普遍采用喷枪加热方法，其方法就是通过煤气燃烧直接对轧辊表面进行加热。这种方法简单方便，可以在轧制设备上完成。缺点在于这种方法仅能对轧辊表面进行加热，而且在轧制生产过程中不能进行加热，同时温度分布不均匀，温度控制也很困难。此外，采用感应加热方式对轧辊也可以进行加热，在轧辊感应加热过程中，轧辊需进行旋转，而且需设置一套与轧辊轴头相适应的旋转装置，以便在轧辊预热前旋转装置与轧辊轴头相连接，在轧辊预热后旋转装置与轧辊轴头脱离开，可以实现对轧辊加热。其缺点是加热系统复杂，不能实现在轧制过程中的轧辊在线连续加热。

以上阐述的加热方法都不能实现在轧制过程中对轧辊进行在线、连续的加热。作者提出的一种在线连续轧辊加热方法及装置，可以在轧制过程中对轧辊进行在线、连续、均匀的加热，实现了在轧制过程中对轧辊进行在线连续加热功能，提高了产品质量，适用于难变形材料和高精度轧制生产。

（2）技术方案

图 7.5 为在线连续轧辊加热装置。

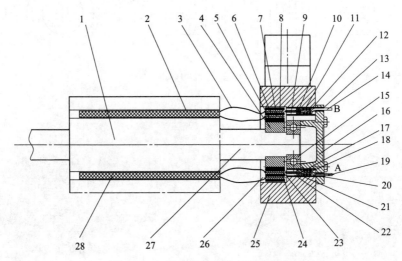

图 7.5　一种在线连续轧辊加热装置

1—轧辊；2—电加热棒插孔；3—导线；4—无级电刷旋转部件；5—第一绝缘套；6—第二绝缘套；7—第一无级电刷
旋转导体；8—第二无级电刷旋转导体；9—第二固定导体安装孔；10—第二无级电刷固定导体；11—第二绝缘衬套；
12—第二导电弹簧；13—第二导电杆通孔；14—第二导电杆；15—轴承；16—轴承端盖；17—第一无级电刷固定导体；
18—第一导电弹簧；19—第一导电杆；20—第一导电杆通孔；21—第一绝缘衬套；22—第一固定导体安装孔；
23—第一凹槽；24—第二凹槽；25—轴承架；26—轴承架内腔；27—轴；28—电加热棒

图 7.6 为在线连续轧辊加热装置中轧辊结构，在轧辊上开出 N 个加热孔用于放置电加热棒。对于均匀温度场，电加热棒要均匀分布。对于非均匀温度场，电加热棒不均匀分布。开孔大小依据加热棒半径决定，采用 400W 加热棒，其直径为 12mm，考虑到热胀冷缩问题，开孔直径为 13mm。

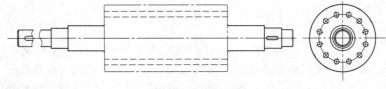

图 7.6　轧辊结构

图 7.7 为在线连续轧辊加热装置中无级电刷旋转部分。因为工作时，该部分通过键连接随同轧辊进行同向等速转动，所以在每层绝缘部位或导电部位都设计了单向凸（凹）槽，通过过盈配合连接。同时该部件为导电部件，所以在设计时用了大量的绝缘材料。

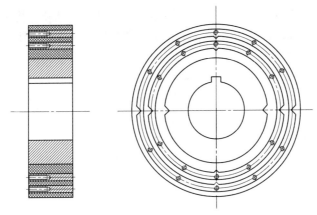

图 7.7 无级电刷旋转部件

图 7.8 为在线连续轧辊加热装置中无级电刷固定部分。工作时，该部分作用是硬接触无级电刷旋转部分，连通导电。本部件设计为 T 型，是为了固定导电部位，实现连续、稳定导电。图 7.9 为在线连续轧辊加热装置中导电弹簧。工作时，该部分作用是顶紧无极电刷固定导体部件，引出电流。

图 7.8 无级电刷固定导体　　　　　　　　　　图 7.9 导电弹簧

图 7.10 为在线连续轧辊加热装置中轴承端盖。在原始端盖上，开出通孔，引出导线，连接外部电源。图 7.11 为在线连续轧辊加热装置中轴承架。在原始轴承架上，开出预留槽，放置无级电刷旋转部件与固定部件，引出导线，连接外部电源即可。

（3）技术原理

一种在线连续轧辊加热装置，包括轧辊、多个电加热棒、无级电刷旋转机构、无级电刷固定机构和轴承组件，其特征在于：轧辊内沿圆周方向等距开设有多个插孔，电加热棒分别插设于插孔内。

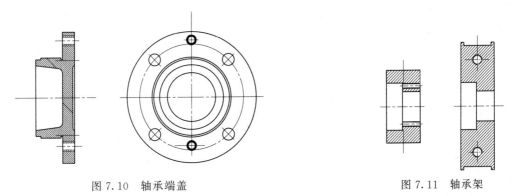

图 7.10 轴承端盖　　　　　　　　　　　　图 7.11 轴承架

无级电刷旋转机构包括无级电刷旋转部件，第一无级电刷旋转导体，第二无级电刷旋转导体，第一绝缘套，第二绝缘套。无级电刷固定机构包括第一无级电刷固定导体，第一导电弹簧，第二无级电刷固定导体，第二导电弹簧，第一绝缘衬套，第二绝缘衬套。

无级电刷旋转部件装设在轧辊的轴上，键连接。无级电刷旋转机构组件，包括第一无级电刷旋转导体、第二无级电刷旋转导体、第一绝缘套和第二绝缘套，第二无级电刷旋转导体套装在第一无级电刷旋转导体上，第二无级电刷旋转导体与第一无级电刷旋转导体之间装设有第二绝缘套，第二绝缘套与第一无级电刷旋转导体和第二无级电刷旋转导体过盈配合，第一无级电刷旋转导体和第二无级电刷旋转导体的前端分别有第一凹槽和第二凹槽。第一无级电刷旋转导体套装在第一绝缘套上，过盈配合。

无级电刷固定组件，在第一固定导体安装孔内依次装设有第一无级电刷固定导体和第一导电弹簧，在第二固定导体安装孔内依次装设有第二无级电刷固定导体和第二导电弹簧，在第一固定导体安装孔内和第二固定导体安装孔内分别安装第一绝缘衬套和第二绝缘衬套，以保证电流与轴承架绝缘。

轴承组件，包括轴承、轴承端盖和轴承架。轴承架上开设有第一固定导体安装孔和第二固定导体安装孔，第一固定导体安装孔内壁上有第一绝缘衬套，第二固定导体安装孔内壁上有第二绝缘衬套，轴承端盖上开设有带绝缘衬套的第一导电杆通孔和第二导电杆通孔。轴承、轴承架和轴承端盖装配好后，装设在轧辊的轴的前部，轴承装设在轴的前端，且位于无级电刷旋转部件的前方，无级电刷旋转机构位于轴承架的内腔里。第一固定导体安装孔内依次装设有第一无级电刷固定导体和第一导电弹簧，第二固定导体安装孔内依次装设有第二无级电刷固定导体和第二导电弹簧，第一导电弹簧的导电杆和第二导电弹簧的导电杆分别从轴承端盖上的第一导电杆通孔和第二导电杆通孔伸出轴承端盖外部。第一无级电刷固定导体抵顶在第一无级电刷旋转导体上的第一凹槽上，第二无级电刷固定导体抵顶在第二无级电刷旋转导体上的第二凹槽上。每一个电加热棒的两个接线端子分别通过导线与第一无级电刷旋转导体和第二无级电刷旋转导体连接。无级电刷旋转部件与轧辊等角速度旋转。

该装置的特点是在轧辊上装设有多个电加热棒，电加热棒的导线经过无级电刷旋转导体，再与无级电刷固定导体相接触，再通过导电弹簧的导电杆与外部电连接，可实现对加热棒的供电，对轧辊进行加热。导电弹簧能够使无级电刷固定导体与无级电刷旋转体保持接触，使通电性能良好。由于无级电刷旋转部件与轧辊等角速度旋转，避免了电加热棒导线的缠绕问题。

该方法的优点：在轧制过程中可以实现轧辊在线、连续、均匀的加热功能，而且易于控制轧辊温度。此外，使用方便、加热过程不影响生产、降低生产成本、提高生产率。

（4）技术实施

一种在线连续轧辊加热装置，包括轧辊 1、多个电加热棒 28、无级电刷旋转机构和轴承组件，其特征在于：轧辊 1 内沿圆周方向等距开设有多个电加热棒插孔 2，多个电加热棒 28分别插设于多个电加热棒插孔 2 内。

无级电刷旋转机构包括无级电刷旋转部件 4，第一无级电刷旋转导体 7，第二无级电刷旋转导体 8，第一绝缘套 5，第二绝缘套 6。无级电刷固定机构包括第一无级电刷固定导体17，第一导电弹簧 18，第二无级电刷固定导体 10，第二导电弹簧 12，第一绝缘衬套 21，第二绝缘衬套 11，第一导电杆 19，第二导电杆 14。

无级电刷旋转部件 4 装设在轧辊 1 的轴上，键连接。无级电刷旋转机构组件，包括第一无级电刷旋转导体 7、第二无级电刷旋转导体 8、第一绝缘套 5 和第二绝缘套 6，第二无级电刷旋转导体 8 套装在第一无级电刷旋转导体 7 上，第二无级电刷旋转导体 8 与第一无级电刷旋转导体 7 之间装设有第二绝缘套 6，第二绝缘套 6 与第一无级电刷旋转导体 7 和第二无级电刷旋转导体 8 过盈配合,第一无级电刷旋转导体 7 和第二无级电刷旋转导体 8 的前端分别有第一凹槽 23 和第二凹槽 24。第一无级电刷旋转导体 7 套装在第一绝缘套 5 上,过盈配合。轴承组件,包括轴承 15、轴承端盖 16 和轴承架 25。轴承架 25 上开设有第一固定导体安装孔 22 和第二固定导体安装孔 9,第一固定导体安装孔 22 内壁上有第一绝缘衬套 21,第二固定导体安装孔 9 内壁上有第二绝缘衬套 11,轴承端盖 16 上开设有带绝缘衬套的第一导电杆通孔 20 和第二导电杆通孔 13。轴承 15、轴承架 25 和轴承端盖 16 装配好后,装设在轧辊的轴 27 的端部,轴承 15 装设在轴 27 的前端,且位于无级电刷旋转部件 4 的前方,无级电刷旋转机构位于轴承架 25 的轴承架内腔 26 内。第一固定导体安装孔 22 内依次装设有第一无级电刷固定导体 17 和第一导电弹簧 18,第二固定导体安装孔 9 内依次装设有第二无级电刷固定导体 10 和第二导电弹簧 12,第一导电弹簧 18 的第一导电杆 19 和第二导电弹簧 12 的第二导电杆 14 分别从轴承端盖 16 上的第一导电杆通孔 20 和第二导电杆通孔 13 伸出轴承端盖 16 外部。第一无级电刷固定导体 17 抵顶在第一无级电刷旋转导体 7 上的第一凹槽 23 上,第二无级电刷固定导体 10 抵顶在第二无级电刷旋转导体 8 上的第二凹槽 24 上。每一个电加热棒 28 的两个接线端子分别通过导线 3 与第一无级电刷旋转导体 7 和第二无级电刷旋转导体 8 连接。无级电刷旋转部件 4 与轧辊 1 等角速度旋转。

该技术应用于 AZ31 镁合金板材轧制生产中获得了很好的效果。轧制工艺参数为:轧辊温度 290～300℃,轧制温度为 350℃,轧辊转速为 20r/min,单道次压下量为 15%,总压下量为 60%。轧制获得的 AZ31 镁合金板材的平均晶粒尺寸为 6.25μm。板材各向异性得到显著改善,强度和塑性也得到提高。

7.4 一种具有侧压力的镁合金板材轧制方法及装置

(1)技术背景

一种具有侧压力的镁合金板材轧制方法及装置,属于镁合金板材生产领域,适用于高精度镁合金板材生产。

镁合金材料的塑性差,在大尺寸镁合金板材轧制生产时,板材侧边出现严重的裂纹缺陷,在后续的轧制生产工序前,必须进行侧边修理,即切掉有裂纹的部分,这样材料利用率很低,如果每个道次的切边废料占 10%,这样多道次轧制后的材料利用率就更低,因此提高镁合金轧制板材的质量,以提高材料利用率是目前亟待解决的技术问题。

一种具有侧压力的镁合金板材轧制方法可以提高镁合金材料塑性,降低镁合金板材轧制过程中的侧边裂纹缺陷,提高镁合金轧制板材的质量,提高材料利用率。

(2)技术方案

一种具有侧压力的镁合金板材轧制装置,见图 7.12。

轧辊 1 与轧辊 5 的工作部分直径相同,轧辊 1 与轧辊 5 的转速可以相同(同步轧制),也可以不同(异步轧制)。侧压板固定板 2 与侧压板 4 之间安装 N 个弹簧 3,以产生侧压力。侧压板固定板 2 分为上下分体的两个半圆形,通过螺栓固定在轧辊 5 上。侧压板 4 分为上下分体的两个半圆形,通过固定螺栓 6 固定在轧辊 5 上。侧压板固定板 2、弹簧 3 与侧压板 4 通过连接螺栓 7 固定在一起。在轧制过程中,侧压板固定板 2、侧压板 4 以及弹簧 3 与轧辊 5 一起旋转。

在图 7.12 中,侧压装置与轧辊 5 一起旋转。图 7.13 为侧压板组件结构。图 7.14 为侧压板固定板结构。图 7.15 为弹簧。图 7.16 为侧压板结构。图 7.17 为轧辊结构。

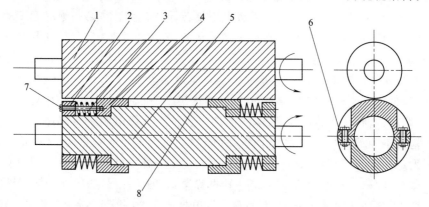

图 7.12　具有侧压力的镁合金板材轧制装置（侧压装置与轧辊 5 一起旋转）

1—上轧辊；2—侧压板固定板；3—弹簧（或弹性元件）；4—侧压板；5—下轧辊；6—固定螺栓；7—螺栓；8—变形型腔

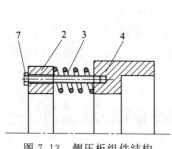

图 7.13　侧压板组件结构

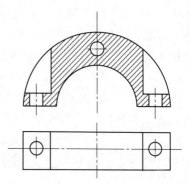

图 7.14　侧压板固定板结构

（3）技术原理

　　一种具有侧压力的镁合金板材轧制装置的基本原理：镁合金板坯在轧制变形过程中，轧制板材在厚度方向上受到轧辊施加的压力使板材产生变形，在厚度方向上产生压缩变形，在轧制方向上产生拉伸变形。在宽展方向上因为受到侧压板 4 施加的侧向压力，在轧制变形过程中，镁合金板坯在变形型腔 8 中进行变形，有效控制了板材轧制变形过程中的宽展方向的金属流动，这样保证塑性变形区处于三向压应力状态，提高了材料塑性，控制了宽展，有效降低了镁合金板材侧边裂纹缺陷，显著提高了镁合金板材质量，提高了材料利用率。

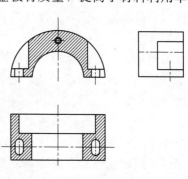

图 7.16　侧压板结构

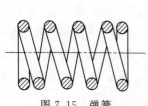

图 7.15　弹簧

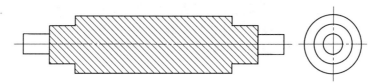

图 7.17　轧辊结构

侧压力施加方法：侧压板固定板 2 与侧压板 4 之间的弹簧（或弹性元件）3 处于压缩状态，侧压板 4 受到一个侧压力，作用在轧制板坯的侧边，这样是板材轧制的变形区受力状态是三向压应力。

（4）技术实施步骤

① 采用外部加热方法（火焰加热）把轧辊 1 和轧辊 5 加热到 300～350℃。②将镁合金轧制坯料在加热炉中加热到 300～350℃，并且保温 10min。③取出镁合金坯料进行轧制变形。④对轧制变形后的镁合金板材进行侧边修整，准备后续的变形工序。⑤通过更换不同的侧压板固定板 2 和侧压板 4，即可改变轧制板材的厚度和宽度。⑥改变弹簧 3 的尺寸和弹簧个数，可以改变侧压力大小。

具有侧压力的镁合金板材轧制装置如图 7.12 所示，其加工方法是在普通轧制轧辊结构的基础上，对下轧辊 5 结构进行改造，上下两个侧压板固定板 2 通过固定螺栓 6 固定在一起，侧压力由弹簧 3（或弹性元件）产生，并通过侧压板 4 来施加到轧制板材的侧面，上下两个侧压板 4 通过螺栓固定在一起，在轧制过程中，侧压板固定板 2 和侧压板 4 与轧辊 5 一起旋转，实现了具有侧压力的镁合金板材轧制工艺，使变形区处于三向压应力状态。其中侧压板 4 可以沿轧辊方向移动，以自动调整侧压力大小。侧压板固定板 2、弹簧 3 与侧压板 4 通过连接螺栓 7 固定在一起。在板材轧制过程中，侧压板固定板 2、弹簧 3、侧压板 4 与轧辊 5 一同旋转。

（5）技术实施

① 确定轧制工艺参数：根据产品规格，确定相关工艺参数，包括轧制坯料厚度、宽度，轧制后板材厚度、宽度，轧制变形温度、轧辊预热温度。②材料制备：根据确定的轧制坯料尺寸，制备轧制坯料。③轧辊预热：采用外加热方法对轧辊进行预热到指定温度。④将坯料放置加热炉中加热，并保温一定时间。⑤取出轧制坯料进行轧制变形。⑥修整轧制板材的侧边，准备后续的变形工序。⑦装置维护：板材轧制生产完成后，对装置进行清理。⑧更换侧压板固定板 2、弹簧 3、侧压板 4，即可改变产品规格。

7.5　一种零宽展板材轧制方法及装置

（1）技术背景

一种零宽展板材轧制方法及装置，属于镁合金板材生产领域，适用于高精度镁合金板材生产。

对于大尺寸镁合金板材轧制生产时，由于镁合金材料的成形性能差，出现严重的侧边裂纹缺陷，这样在每个道次轧制之前，必须对坯料进行切边处理，这样才能保证下一道次的轧制板材的质量，严重影响材料利用率。因此提高镁合金轧制板材的质量，以提高材料利用率是目前亟待解决的技术问题。

优点：实现了零宽展镁合金板材轧制变形方法，使轧制板材变形区为三向压应力状态，提高了材料的塑性，可以有效控制镁合金板材轧制过程中的侧边裂纹缺陷，提高镁合金轧制板材的质量，提高材料利用率，适用于高精度镁合金板材生产。

（2）技术方案

一种零宽展板材轧制装置，见图 7.18。轧辊 1 与轧辊 4 的工作部分直径相同，轧辊 1 与轧辊 4 的转速可以相同（同步轧制），也可以不同（异步轧制）。上侧压板 2 和下侧压板 6 通过螺栓 5 固定在轧辊 4 上。在轧制变形过程中，上侧压板 2 与下侧压板 6 与轧辊 4 一起旋转。

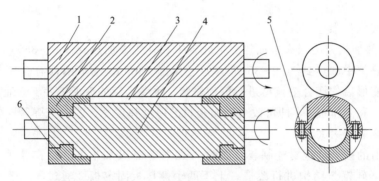

图 7.18　零宽展板材轧制装置
1—上轧辊；2—上侧压板；3—变形型腔；4—下轧辊；5—螺栓；6—下侧压板

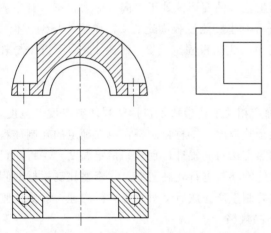

图 7.19　上侧压板 2 和下侧压板 6 结构

镁合金板坯在轧制变形过程中，镁合金板坯经过变形型腔 3，在三向压应力状态下进行塑性变形。变形过程中，在板材厚度方向上产生压缩变形，在轧制方向上产生拉伸变形。由于上侧压板 2 和下侧压板 6 的限制作用，板材在宽展方向上无变形，实现了变形区三向压应力状态。

其加工方法是在普通轧制轧辊结构的基础上，对下轧辊 4 结构进行改造，上侧压板 2 和下侧压板 6 通过螺栓 5 固定在一起，上侧压板 2 和下侧压板 6 与下轧辊 4 一起旋转，实现了零宽展的镁合金板材轧制工艺，使变形区处于三向压应力状态。只要改变上侧压板 2 和下侧压板 6 的尺寸（图 7.19），即可生产不同厚度和不同宽度的镁合金板材产品。

（3）技术原理

① 采用外部加热方法（火焰加热）把轧辊 1 和轧辊 4（图 7.20）加热到 300～350℃。②将镁合金轧制坯料在加热炉中加热到 300～350℃，并且保温 10min。③取出镁合金坯料进行轧制变形。④对轧制变形后的镁合金板材进行侧边修整，准备后续的变形工序。⑤通过更换不同的上侧压板 2 和下侧压板 6，即可改变轧制板材的厚度和宽度。

一种零宽展镁合金板材轧制方法，其工作原理是在普通板材轧制的轧辊上安装上侧压板 2 和下侧压板 6，上侧压板 2 和下侧压板 6 通过螺栓 5 固定在一起，与轧辊 4 一起转动。侧

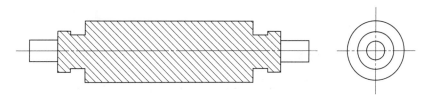

图 7.20 下轧辊 4 结构

压板的作用是限制镁合金板材轧制过程中的宽展方向的变形，以实现零宽展轧制工艺，使板材轧制变形区为三向压应力状态，此外，侧压板的作用也减缓了镁合金板材侧边的温度降低，提高了镁合金板材侧边区域的塑性，有效降低了镁合金板材侧边裂纹缺陷，显著提高了镁合金板材质量，提高了材料利用率。

（4）技术实施

① 确定轧制工艺参数：根据产品规格，确定相关工艺参数，包括轧制坯料厚度、宽度，轧制后板材厚度、宽度，轧制变形温度、轧辊预热温度。②材料制备：根据确定的轧制坯料尺寸，制备轧制坯料。③轧辊预热：采用外加热方法对轧辊进行预热到指定温度。④将坯料放置加热炉中加热，并保温一定时间。⑤取出轧制坯料进行轧制变形。⑥修整轧制板材的侧边，准备后续的变形工序。⑦装置维护：板材轧制生产完成后，对装置进行清理。⑧更换上侧压板 2 和下侧压板 6，即可改变产品规格。

7.6 一种镁合金板材多功能变形模具

（1）技术背景

镁合金板材多功能变形模具属于镁合金板材制备领域，特别涉及一种镁合金板材弯曲、压痕、压平多功能模具。

通过激烈切向变形可以有效弱化镁合金板材的织构、提高镁合金板材的成形性能。采用弯曲-压平、压痕-压平、压痕-弯曲-压平等变形方法可以产生大的切向变形，因此可以有效改善镁合金材料的组织性能和力学性能。

（2）技术方案

图 7.21 为镁合金板材多功能变形模具结构。

一种镁合金板材弯曲、压痕、压平多功能模具，包括上模和下模。其特征在于：上模，包括上模板、三个上弯曲凸模、上压平模具和上压痕模具，三个上弯曲凸模水平且等间距设置，每个上弯曲凸模的截面为三角形，三个上弯曲凸模通过螺钉固设在上模板的下端面的左部，上压平模具的挤压面为长方形，上压平模具通过螺钉固设在上模板的下端面的中部，上压痕模具通过螺钉固设在上模板的下端面的右部，上压痕模具的挤压面为波浪形。上弯曲凸模、上压平模具和上压痕模具上分别开设有加热孔。

下模，包括下模板、三个下弯曲凸模、下压平模具和下压痕模具，下模板、三个下弯曲凸模、下压平模具和下压痕模具的结构分别和上模板、三个上弯曲凸模、上压平模具和上压痕模具的结构完全相同。三个下弯曲凸模水平且等间距设置，三个下弯曲凸模通过螺钉固设在下模板的上端面的左部且与三个上弯曲凸模交错设置，下压平模具通过螺钉固设在下模板的上端面的中部，上压平模具和下压平模具对称设置，下压痕模具通过螺钉固设在下模板的上端面的右部。下压痕模具和上压痕模具对称设置。

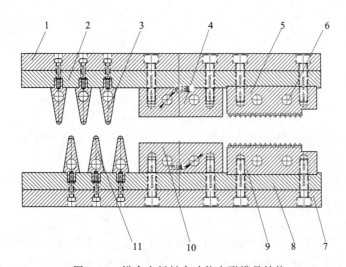

图 7.21　镁合金板材多功能变形模具结构

1—上模板；2—上固定板；3—上弯曲凸模；4—上压平模具；5—上压痕模具；6—加热孔；7—下模板；
8—下固定板；9—下压痕模具；10—下压平模具；11—下弯曲凸模

（3）技术原理

操作程序如下：

① 弯曲-压平复合变形工艺：镁合金板材放在加热炉中加热一定温度并且保温一定时间，采用电加热棒给模具预热到一定温度；镁合金板材经过弯曲凸模 1 进行弯曲变形，即一次变形；完成弯曲变形的镁合金板材经过压平模具 3 完成压平变形工艺，即二次变形，加工出高性能的镁合金板材。

② 压痕-压平复合变形工艺：镁合金板材放在加热炉中加热一定温度并且保温一定时间，采用电加热棒给模具预热到一定温度；镁合金板材经过压痕模具 4 进行压痕变形，即一次变形；完成压痕变形的镁合金板材经过压平模具 3 完成压平变形工艺，即二次变形，加工出高性能的镁合金板材。

③ 压痕-弯曲-压平复合变形工艺：镁合金板材放在加热炉中加热一定温度并且保温一定时间，采用电加热棒给模具预热到一定温度；镁合金板材经过压痕模具 4 进行压痕变形，即一次变形；完成压痕变形的镁合金板材经过弯曲凸模 1 完成弯曲变形工艺，即二次变形；完成弯曲变形和压痕变形的镁合金板材经过压平模具 3 完成压平变形工艺，即三次变形，加工出高性能的镁合金板材。

其优点在于：能够实现弯曲-压平、压痕-压平、压痕-弯曲-压平等复合变形工艺，可以有效改善镁合金材料的组织性能和力学性能。

（4）技术实施

一种镁合金板材弯曲、压痕、压平多功能模具，包括上模和下模，其特征在于：上模，包括上模板、三个上弯曲凸模、上压平模具和上压痕模具，三个上弯曲凸模水平且等间距设置，每个上弯曲凸模的截面为三角形，三个上弯曲凸模通过螺钉固设在上模板的下端面的左部，上压平模具的挤压面为长方形，上压平模具通过螺钉固设在上模板的下端面的中部，上压痕模具通过螺钉固设在上模板的下端面的右部，上压痕模具的挤压面为波浪形。上弯曲凸模、上压平模具和上压痕模具上分别开设有加热孔。

　　下模，包括下模板、三个下弯曲凸模、下压平模具和下压痕模具，下模板、三个下弯曲凸模、下压平模具和下压痕模具的结构分别和上模板、三个上弯曲凸模、上压平模具和上压痕模具的结构完全相同。三个下弯曲凸模水平且等间距设置，三个下弯曲凸模通过螺钉固设在下模板的上端面的左部且与三个上弯曲凸模交错设置，下压平模具通过螺钉固设在下模板的上端面的中部，上压平模具和下压平模具对称设置，下压痕模具通过螺钉固设在下模板的上端面的右部。下压痕模具和上压痕模具对称设置。

参 考 文 献

[1] 宋广胜，陈强强，徐勇，等. AZ31 镁合金变路径压缩的力学性能和孪晶机制［J］. 中国有色金属学报，2016，26（9）：1869-1878.

[2] Huang Guangsheng，Li Hong cheng，Song Bo. Tensile properties and microstructure of AZ31B magnesium alloy sheet processed by repeated unidirectional bending ［J］. Transactions of Nonferrous Metals Society of China，2010（20）：28-33.

[3] Huang Guangsheng，Song Bo，Xu Wei. Structure and properties of AZ31B magnesium alloy sheets processed by repeatedly unidirectional bending at different temperatures ［J］. Transactions of Nonferrous Metals Society of China，2010（20）：1815-1821.

[4] Yang Q，Ghosh A K. Production of ultrafine-grain microstructure in Mg alloy by alternate biaxial reverse corrugation ［J］. Acta Materialia，2006，54（19）：5147-5158.

[5] Yang Q，Ghosh A K. Deformation behavior of ultrafine-grain AZ31B Mg alloy at room temperature ［J］. Acta Materialia，2006，54（19）：5159-5170.

[6] 刘筱，朱必武，李落星，等. 挤压态 AZ31 镁合金热变形过程中的孪生和组织演变［J］. 中国有色金属学报，2016，20（2）：287-295.

[7] 刘庆. 镁合金塑性变形机理研究进展［J］. 金属学报，2010，46（11）：1458-1472.

[8] 史国栋，乔军，何敏，等. 铸轧 AZ31 镁合金在高温拉伸中的动态再结晶行为［J］. 中国有色金属学报，2013（7）：1796-1804.

[9] 詹美燕，李春明，尚俊玲. 镁合金的塑性变形机制和孪生变形研究［J］. 材料导报，2011，52（2）：1-7.

[10] Staroselsky，Anand L. A constitutive model for hcp materials deforming by slip and twinning：application to magnesium alloy AZ31 ［J］. Plasticity ，2013，19（3）：1843-1864.

[11] 况新亮，刘天模，何杰军. 基于镁合金 {1012} 孪生的织构调整及屈服行为演变［J］. 中国有色金属学报，2014，24（5）：1111-1117.

[12] 王丽娜，杨平，夏伟军，等. 特殊成形工艺下 AZ31 镁合金的织构及变形机制［J］. 金属学报，2009，45（1）：58-62.

[13] 李萧，杨平，孟利，等. AZ31 镁合金中拉伸孪晶静态再结晶分析［J］. 金属学报，2010，46（2）：147-154.

[14] 付雪松，陈国清，王中奇. AZ31 镁合金热轧变形的动态再结晶机制［J］. 稀有金属材料与工程，2011，40（8）：1473-1477.

[15] 丁雪征，刘天模，陈建，等. 孪晶界对 AZ31 镁合金静态再结晶的影响［J］. 中国有色金属学报，2013，23（1）：1-8.

[16] Huang Guangsheng，Zhang Hua，Gao Xiaoyun，et al. Forming limit of textured AZ31B magnesium alloy sheet at different temperatures ［J］. Transactions of Nonferrous Metals Society of China，2011，21：836-843.

[17] 宋广胜，陈强强，徐勇，等. AZ31 镁合金变路径压缩的力学性能和孪晶机制［J］. 中国有色金属学报，2016，26（9）：1869-1878. .

[18] Sanjari M，Farzadfar A，Sakai T. A texture and microstructure analysis of high speed rolling of AZ31 using split Hopkinson pressure bar results ［J］. Journal of Materials Science，2013，48：6656-6672.

[19] 霍庆欢，杨续跃，马继军，等. AZ31 镁合金板材低温双向反复弯曲及退火下的织构弱化［J］. 中国有色金属学报，2012，22（9）：2492-2500.

[20] Liwei Lu，Chuming Liu，Jun Zhao，et al. Modification of grain refinement and texture in AZ31 Mg alloy by a new plastic deformation method ［J］. Journal of Alloys and Compounds，2015，628：130-134.

[21] Shiyao Huang，Mei Li，Andy Drews. Evolution of Microstructure and Texture During Uniaxial Compression of Cast AZ31Mg Alloy at Elevated Temperatures ［J］. Metallography，Microstructure，and Analysis，2012（1）：297-308.

[22] 孟利，刘璋，陈冷. AZ31 镁合金再结晶退火的准原位 EBSD 研究［J］. 材料热处理学报，2015，36（5）：144-149.

[23] 唐伟琴，张少睿，范晓慧，等. AZ31 镁合金的织构对其力学性能的影响［J］. 中国有色金属学报，2010，20

(3)：371-377.

[24]　丁文江，靳丽，吴文祥，等. 变形镁合金中的织构及其优化设计 [J]. 中国有色金属学报，2011，21（10）：2371-2382.

[25]　娄超，张喜燕，严富华. 室温下动态塑性变形下 AZ31 镁合金的孪生特征及织构变化的 EBSD 表征 [J]. 电子显微学报，2011，30（4-5）：313-318.

[26]　Adrien C，Liu P，Liu Q. An experiment and numerical study of texture change and twinning-induced hardening during tensile deformation of an AZ31 magnesium alloy rolled plate [J]. Materials science engineering A，2013，561（20）：167-173.

[27]　Biswas S，Suwas S，Sikand R，et al. Analysis of texture evolution in pure magnesium and the magnesium alloy AM30 during rod and tube extrusion [J]. Materials science engineering A，2011，528：3722-3729.

[28]　Cho J H，Kim H W，Kang S B，et al. Bending behavior and evolution of texture and microstructure during differential speed warm rolling of AZ31B magnesium alloys [J]. Acta materials，2011，59：5638-5651.

[29]　Kang J Y，Lacroix B，Brenner R. Evolution of microstructure and texture during planar simple shear of magnesium alloy [J]. Scripta Materialia，2012，66：654-657.

[30]　Bo Song，Guangsheng Huang，Hongcheng Li. Texture evolution and mechanical properties of AZ31B magnesium alloy sheets processed by repeated unidirectional bending [J]. Journal of Alloys and Compounds，2010，489（2）：475-481.

[31]　陈慧聪，刘天模，徐舜. 交叉预压缩对轧制态 AZ31 镁合金拉压不对称性的影响 [J]. 稀有金属材料与工程，2014，43（10）：2479-2482.

[32]　Rappaz M，Gandin Ch A. Probabilistic modelling of microstructure formation in solidification processes [J]. Acta Metallurgica et Materialia，1993，41（2）：345-360.

[33]　郭勇冠，李双明，刘林. DZ125 高温合金定向凝固微观组织的 CA 法模拟 [J]. 金属学报，2008，44（3）：365-370.

[34]　Li Ping，Gan Guoqiang，Xue Kemin. Modeling of phase transformation and DRX in TA15 alloy during the isothermal hot compression [J]. Rare Metal Materials and Engineering，2012，41（S2）：343-347.

[35]　杨满红，郭志鹏，熊守美. 对流作用下镁合金凝固组织演变的数值模拟 [J]. 中国有色金属学报，2015，25（4）：835-843.

[36]　金朝阳，李克严，吴欣桐，等. 镁合金高温流动特性与动态再结晶的关联机制 [J]. 扬州大学学报（自然科学版），2015，18（3）：41-45.

[37]　黄锋，邱洪双，王广山. 用元胞自动机方法模拟镁合金薄带双辊铸轧过程凝固组织 [J]. 物理学报，2009，58（专刊）：313-318.

[38]　Wu Mengwu，Xiong Shoumei. A three-dimensional cellular automaton model for simulation of dendritic growth of magnesium alloy [J]. Acta Metall Sin（Engl Lett），2012，25（3）：169-178.

[39]　Huo Liang，Li Bin，Shi Yufeng，et al. Simulation of magnesium alloy AZ91D microstructure using modified cellular automaton method [J]. Tsinghua Science And Technology，2009，14（5）：307-312.

[40]　Wu Mengwu，Xiong Shoumei. Modeling of equiaxed and columnar dendritic growth of magnesium alloy [J]. Trans. Nonferrous Met. Soc. China，2012，22（9）：2212-2219.

[41]　Fields D S，Bachofen W A. Determination of strain hardening characteristics by torsion testing [J]. Proc. Amer. Soc. Test. Met，1957，57：1259-1272.

[42]　Takuda H，Morishita T，Kinoshita T，et al. Modeling of formula for flow stress of a magnesium alloy A231 sheet at elevated temperatures [J]. Journal of Materials Processing Technology，2005（164-165）：1258-1262.

[43]　Gordon R Johnson，William H Cook. Fracture characteristics of three metals subjected to various strains，strain rates，temperatures and pressures [J]. Engineering Fracture Mechanics，1985，21（1）：31-48.

[44]　Khan A S，Liang R. Behaviors of three BCC metal over a wide range of strain rates and temperatures：experiments and modeling [J]. International Journal of Plasticity，1999，15（1）：1089-1109.

[45]　张先宏，崔振山，阮雪榆. 镁合金塑性成形技术：AZ31B 成形性能及流变应力 [J]. 上海交通大学学报，2003，37（12）：1874-1877.

［46］　咸奎峰，张辉，陈振华. AZ31 镁合金板温拉深流变应力行为研究 ［J］. 锻压技术，2006，31（3）：46-49.

［47］　张庭芳，黄菊花，范洪春. 镁合金高温流变应力实验及其数学模型研究 ［J］. 塑性工程学报. 2008，15（5）：17-21.

［48］　Sellars C M，Mctegar W J. On the mechanism of hot deformation ［J］. ACTA Metallurgica，1966，14（9）：1136-1138.

［49］　Sellars C M，Whiteman J A. Recrystallization and grain growth in hot rolling ［J］. Metal Science Journal，1978，13（3-4）：187-194.

［50］　Ryan N D，Kocks U F. A review of the stages of work hardening ［J］. Solid State Phenomena，1993，35（36）：1-18.

［51］　Poliak E I，Jonas J J. A one-parameter approach to determining the critical conditions for the initiation of dynamic recrystallization ［J］. Acta Materialia，1996，44（1）：127-136.

［52］　Abbas Najafizadeh，John J Jonas. Predicting the Critical stress for Initiation of Dynamic Recrystallization ［J］. ISIJ International，2006，46（11）：1679-1684.

［53］　Karhausen K，Kopp R. Model for intergrated process microstructure simulation in hot forming ［J］. Steel Research，1992，63：247-266.

［54］　T Senuma，H Yada. Annealing processes - Recovery，recrystallization and grain growth. Proceedings of the 7th RisØ International Symposium on Metallurgy and Materials Science，RiØ，8-12 September 1986.

［55］　Liu Xiao，Li Luo xing，He Fengyi，et al. Simulation on dynamic recrystallization behavior of AZ31 magnesium alloy using cellular automaton method coupling Lassraoui Jonas model ［J］. Transaction of Nonferrous Society of China，2013，23：2692-2699.

［56］　Goetz R L，Seetharaman V. Modeling dynamic recrystallization using cellular automata ［J］. Scripta Materialia，1998，38（3）：405-413.

［57］　Wang Lixiao，Fang Gang，Qian Lingyun. Modeling of dynamic recrystallization of magnesium alloy using cellular automata considering initial topology of grains ［J］. Materials Science & Engineering A，2018，711：268-283.